无效焦虑

储殷 著

诊断指南

困在人生中场的47个『怎么办』

长江出版传媒 | 长江文艺出版社

北京长江新世纪文化传媒有限公司
www.cjxinshiji.com
出品

目录

CONTENTS

第三章　家庭困境：心灵的港湾何以变成生活的火山

第四章　养娃困扰：很抱歉，孩子和你都是普通人

第五章　财务困窘：不求改变命运，但求改善生活

第六章　法律困局：不被坏人欺负，不让好人吃亏

序

你有问题 我有问题
生活就是一个个的问题

年轻的时候，以为生命是一场旅行。长大了，才发现生活是一个个问题串联起来的锁链。所谓人的一生，就是戴着枷锁在跳舞。

你有个人发展问题吗？

28岁很多行业就开始赶人了，35岁很多行业就不让你进入了，42岁在一些地方就成了老同志，源源不断的年轻人如狼似虎地和你竞争，可是你累了、倦了、结婚了、有娃了、很久没学新东西了，你慌不慌？

你有家庭问题吗？

你和你爱人相处得还好吗？她和你的家人相处得还好吗？你是不是经常觉得孩子就是前世的债主？你会不会每次回家就像另外一次上班？你有没有在夜深人静的时候感觉到别人羡慕的幸福家庭让自己毛骨悚然？家，宝盖头下一头猪。你真的能做一头快乐的猪吗？

你有法律问题吗？

你最好没有，可是如果你有，你就惨了。单位挤对你，房东欺负你，欠债的朋友突然成了赖账的“大爷”，父母去世时抱在一起哭泣的兄弟姐妹因为房子归谁，翻脸就成了仇人。你以为自己是个老实人没招谁没惹谁，可老实人就是容易招人欺负。

你的钱够用吗？

我们不是金钱的奴隶，可金钱总是像主人一样奴役着我们。挣多少才算够用是一个问题，为什么总不够用是另一个问题。为什么你总是赔钱？为什么你身边总有人挣钱？

做了一年的“网红教授”，我在直播的时候，积累了好多好多的问题与困惑，这是这个时代的问题与困惑，也许我提供不了答案，但是我希望这些直播中我的回答能够对朋友们有所启发。

不求改变命运，但求改善生活。生活是一步步好起来的，我们都会好起来的。少说套话，多说干货，各位朋友，请往下看。

第一章

职场困守：当代社会人的焦虑之源

人到中年，焦虑大部分直接来自职场，或者间接与职场有关。甚至可以说，中年焦虑的本源就是职场与非职场之间的平衡。

作为我在后台私信回复最多的内容，本章，我们将注意力放在职场。我将最常见到的私信问题进行归类，通过研究几种职场中常见的真实案例来分析职场的焦虑。

这些案例或许单个来看很奇葩，但背后反映的道理往往适用于很多人，在一个人的职业生涯中通常会在不同的阶段遇到类似的问题，所以对这些个例的剖析可能会帮助到每一个人，只是暂时你还没意识到。

首先，我们要强调一点，所谓职场焦虑并不一定只是发生在35岁、已婚、中年、男性打工人身上，由于学识、经历、天赋、性格的不同，职场焦虑有可能发生在任何年龄段、任何级别的岗位，无论男女，无论是否婚育。这不是单纯的奇闻异事的记录与吐槽，而是如你我一般的普通人在职场中真实的痛苦写照。

为了保护当事人的隐私，所有可能对应到真实身份的信息均做了模糊处理。

一、学历确实在很大程度上决定你的人生

虽然前些年社会上常有人鼓吹“学历无用论”，并且，总有人爱举一些大企业家辍学的例子佐证，但事实很残酷又很现实。对绝大多数人来说，学历确实在很大程度上决定你的职业、财富乃至人生。这并非不公平，恰恰是普通人能够改变命运的最大机会。

读书对人的改变并不仅是学历，还是进入另一个世界的可能性。对年轻时因家庭原因、个人原因在学业上走过弯路或者职场之路还没开始的人来说，学历是你实现阶层跨越最好的阶梯，请不要放弃这条最宽广、最光明的道路。

对职场新人来说，**学历代表着你初入职场时，身上最值得一提的竞争力**。别觉得太残酷，对绝大多数职场新人来说，你们做的绝大多数工作，换个人来做，效果也都差不多，你在面试中PK掉的大多数人，坐在你的位置上做的和你也都差不多。那为什么这个岗位最终选择了你，而不是别人？很大程度就是因为你

的学历。

对缺乏核心就业技能，离开职场较长时间，并且希望重回职场的人来说，提升学历是拉平就业空当期，重拾职场信心的方便法门。别觉得太浪费时间，对重回职场的人，最常被问到的问题，就是为什么会有空当期，而提升学历绝对是最容易被用人单位接受的答案，还能给用人单位留下勤奋、好学、自律的好印象。

但并不是说，学历是万能解药。学历教育的本质是通过区分度来筛选谁适合做科学家，谁适合做管理者，谁适合做工人。但大多数人只学会了路径依赖，觉得拥有学历就拥有一切。

有位老哥遇到职业瓶颈，身边的同事学历都很高，所以想出国读研重新开始，“周围的同事都是‘985’院校出来的，还都比我年轻好多，我毕业院校不好，什么机会都轮不到我”。

老实说，人到中年意难平，突然发现自己还有梦想，还有向上的心，想改变命运，这不是太值得骄傲自豪的事，反而让人感到遗憾。想通过考研获得一次事业重启的机会，是需要承担巨大风险的。最重要的是，如果一个三十多岁的人，仍把职场问题都归结为学历问题，总认为考研就能解决职场问题，这不是在解决问题，而是在逃避问题。

在职场，学历是敲门砖，是镀金，但从来不是万能解药。

二、认清自己比认清世界更重要

“怎样找到满意的工作？”类似疑问相信每个人都曾有过。人人都觉得自己的才华被埋没、大材小用，都想去更好、更大的平台。这个我能理解，毕竟至少看起来是很有朝气的，年轻人嘛，就是要敢打敢拼，没有点儿梦想跟咸鱼有什么分别。

但我遇到的咨询案例中，超过三分之一的人都会出现这种情况：问他会啥，啥也不会；问他有啥爱好，没啥爱好；问他想干啥，干啥都行。有趣的是，这种自我评价往往还带着一种不服不忿的心态，觉得自己怀才不遇，觉得自己还挺有想法，觉得自己内秀，觉得只是外界缺乏发现的眼睛，觉得只是没有合适的工作机会。坦白地讲，在职场上你的想法真的不重要，因为没人在乎，**无法展示在人前的东西就等于不存在。**

要想找到满意的工作，首先你需要认清自己。

看似很简单的事情，其实许多人都做不到，因为人最难看清的就是自己。有一项科学实验证明，人在照镜子的时候，会自我美化 30% 左右。连做到生理意义上的看清自己都如此困难，何况是职场意义上的看清自己?

很多初入职场的人容易眼高手低、过高评价自己，磨平棱角之后又容易自卑自轻、过低评价自己。得意的时候觉得自己无所不能，迷茫的时候觉得自己一无是处。如果你曾经经历过上述全部或者某些状态，那么你需要认清自己。

认清自己的第一步，就是承认自己大概率是个普通人。没有主角光环，没有外挂，如果运气好，发现自己有一技之长，那你就已经是一个优秀的普通人了。

当接受自己就是普通人时，你会发现，你对工作岗位不满意是正常的。因为，这不是工作岗位的问题，而是你的问题。继续抱怨当前的不如意，就算把所有的现状都解释清楚了，也对将来无益。你有没有想办法尝试解决工作岗位中的问题，让工作变得更加让人满意呢?

找工作也一样，不要总觉得那些猎头介绍的工作你都不满意。因为，其中可能也有你的问题。找工作就像相亲，如果你总是觉得媒人给你介绍的都是配不上你水平的人，那么大概率在媒人眼里，你也就是这个水平的人。如果你真的觉得不服气，觉得“我配得上更好的生活”或者“我明明可以更优秀”，那不如先学会认清自己的真实水平。

认清自己的第二步，就是把自己放到合理的高度，不要轻易瞧不起自己从事的工作，也不要轻易否定自己的能力，更不要说自己毫无价值。你要相信，绝大多数行业都符合“金字塔形”分布——顶端的极少数人拥有行业最多的资源与红利，而底部的大多数人抢食残羹冷炙。

好多人因为太了解自己所处的行业，从而过于悲观地看待自己的未来。近些年很流行一个词，叫“内卷”。每当我建议某个咨询者选择某个专业的时候，总有这个专业的从业人员跳出来痛心疾首地劝阻：“千万别报这个专业啊！这个专业太‘内卷’了！随便换个专业都比这个好。”类似这样的对话也发生在会计、法学、医学、机械、化学、英语等专业。

但你千万别这样想。也许当你失去的时候，你才知道自己曾经拥有的东西是多么宝贵，你所弃如敝屣的拥有，恰是别人心心念念的追求。你所羡慕的光鲜亮丽的职场人，或许也正在用同样羡慕的眼光看你，“你在桥上看风景，看风景的人在楼上看你”。

如果总是这山望着那山高，总觉得没得到的才是最好的，这样的人生注定充满痛苦。任何一个行业都是围城，没进来的人以为城里的人又轻松又享受，进来之后才发现和自己原来待的地方一样，都是一地鸡毛。

这是常态，是通病。也许我们极其努力也够不到塔尖，但也许我们只需要稍稍努力和坚持就能超过大部分塔底的人。认清自己，相信自己，相信自己的行业，相信我们的时代和国家，剩下的交给努力就好。

三、去大城市闯荡，还是回归故乡

有位母亲，已经为女儿的职业选择纠结了三个月，“她不能留在上海，上海物价太高了，但是回到小县城我又不甘心”。

这个案例我印象非常深刻，从一开始的认真分析，到后来的苦口婆心，再到最后的怒斥，我换用了多种方式来劝解这位母亲。但她始终不急不躁、充满耐心地重复罗圈话。当我说往东，她就一定要往西，当我说往西也行，她就一定又要说往东也不是不行。

我不知道我的意见她听进去了多少，也不知道最终她帮她女儿做出了什么选择。但我很确定的一件事是，从头到尾，她从来没有考虑过她女儿有没有自己的想法，从来没有把她的女儿当成一个独立的人，去尊重她的个体思想。“我女儿的意见？她可听话了，她没意见，现在就是我在帮她选择。”

父母总希望一劳永逸、一步到位，我们总希望闯荡四方，多尝试各种可能性。这两者都不绝对，但无论如何，别忘记你才是那个做选择的人。你已经是一个可以独立做出选择的社会人，留在大城市还是回归小城市，都应该是基于你独立意愿的选择。

接下来谈一谈怎样做选择。在很多关于城市、行业、专业的选择中，我都坚持一个观点：**个体选择不要做宏大叙事。有时候过于理性地分析问题，本身就是一种不理性**。

虽然说时代大背景下，国家的宏大政策与每一个人息息相关，但如果所有的选择都参考国家的大政方针，针对个体往往会失去可执行性。

在诸多影响因素里，赋予不同的权重，就是最好的选择。比如孩子的教育是最大的权重，那么选择就倾向于教育更宽松的城市；比如收入是最大的权重，那么就选择经济更发达的城市；比如生活是最大的权重，那么就选择安逸的城市。又想收入高，又想生活安逸，还要孩子接受良好的教育，这是另一种不理性。结合自身条件，做出适合自己小家庭、小环境、小气候的选择就是最适合自己的选择。

最后一点，不要沉溺于选择，既然做出就不要后悔。

人生面临的绝大多数关口，当你走到需要做出选择的那一步时，其实该怎么选，心里早就有数了，迟迟不肯下定决心，只是对答案不够满意罢了。不断想在选项里找出一个最佳答案，最好是有 A 选项的钱多，加上 B 选项的事少，加上 C 选项的离家近，哪会有这种好事！

选择本身无法改变选项，无论多么纠结的选择，最后也只能选一个。在所有的选择当中，只有一个选项是错的，那就是原地纠结。与其如此，不如直面答案，怎么选都不是错。

四、对工作岗位不满意？多半是你自己的问题

任何人都适合做职业规划，任何人都需要做职业规划。无论你是什么出身、学历、岗位，哪怕你是一名保安、一名小卖部老板，你也应该有自己的职业规划。

有位平面设计师，毕业七年，换了十份工作，最长的工作干了不到一年，最短的两个月，对自己的职业生涯各种不满。如今他的简历拿出来，可以说是稀碎，再想找到让他满意的工作只会越来越难，就业市场不会惯着一个30岁的成年人。这种情况就是典型的职业选择缺乏条理性、系统性、长期性，习惯性将所有的失利都归为外部因素，最终年龄渐长，心智却始终没有成熟。

如果你对职业毫无规划，随心所欲地挥霍自己的职场成长期，结果只会越跳槽工作越次，工作越次越想跳槽，陷入恶性循环。

本案例中的当事人属于极端情况，但下面这种现象，相信大多数人都不陌生。

很多人一过30岁，似乎突然对学习产生了浓厚的兴趣，会

突然开始向往考公、考研。考公、考研是一个明确的路径，前者能让人获得一个旱涝保收的岗位，后者能让人脱离职场一段时间。在迷茫的人眼里，这种确定性、这种被规划好的生活能给人最大的稳定感和安全感，从而显得分外诱人。

但所有的确定性都有代价，因为这并不是你真正想要的方向。公务员上岸未必一定让人可以安心工作一辈子，君不见多少公务员辞职下海，考研成功，毕业之后还是要重回职场的。

如果不提前做好短期、中期、长期的职业规划，到时候只是重新换个地方继续迷茫罢了。而宝贵的时间，已悄然流逝。所以做职业规划，宜早不宜迟，宜长不宜短，人最怕的是没有方向，只要有方向，就有了前进的动力。

接下来聊聊怎么做职业规划。

职业规划是一件非常个性化的事情，不要随波逐流，别人怎么说就怎么做，没有自己的想法。别人觉得好的，也许并不适合你，适合你的选择也许就在一次次的随波逐流中被自己忽视了。

即便你已经有针对性的规划方案了，也仍会有大量的规划内容在实际执行中被不断调整与修正，甚至颠覆。这也是职业规划需要分阶段，按照短期、中期、长期三个层面进行设计的原因。

一般来说，我们建议职业规划按照1~3年、3~5年、5~10年来进行三层规划。短期目标，每年都可以做一次总结，从而制定下一年的目标与计划；中期目标，每隔三年左右进行一次梳理和调整，如果发现累积的短期目标已经在方向上和中期目标有较大幅度的偏离，或客观原因导致无法实现，则考虑做中期规划的变更；长期目标要尽量宽泛，兼容性要强，可以视作自己的人生目标，除非发生人生颠覆级别的变故，轻易不变动长期目标。

如果缺乏自我规划的能力，可以尝试寻找专门的职业规划师或者向身边可信的、年长的前辈进行咨询，一般来说，不建议向同学、家长、伴侣进行咨询。同级别同学的规划能力未必比你强多少，而且阅历有限，彼此的情况又不同，无法给你指明前进的方向。而家长和伴侣的建议则容易受情感因素影响，往往会掺杂大量非理性因素，致使结果偏于保守。而且很多来自家长和伴侣的建议不仅不会被当事人接受，而且很容易激起他们的抵触情绪，即使是有一定道理的建设性意见——这也是一种逆向的近因效应。

职业规划最好从什么时候开始？高考志愿填报之前。

作为你人生第一个重要节点，高考志愿的填报将决定未来四到七年，你在哪座城市生活、认识什么样的朋友、学习哪些职业技能、获得什么专业证书，而这一切将构成你第一次踏上职场的资本，间接影响你能获得怎样的面试机会、进入什么行业、进入什么规模的企业、获得多少起薪、感受怎样的职场文化、树立怎样的职业目标……所以高考志愿填报可以被认为是人生中的第一次职业规划。

“30 岁才开始做职业规划，还来得及吗？”意识到问题存在是解决问题的第一步，只要开始做，说明你已经在前进的路上了。你现在拥有的一切都是这条路的起点，无论你满意与否，往事不可追，来者犹可待。30 岁开始做职业规划，一点也不晚。

五、被同事“欺负”别太便宜，被老板“打压”别太在意

有个刚毕业的小姑娘找到我，不明白为什么自己已经尽力讨好所有人了，但同事似乎仍不领情。“我明明已经很辛苦了，但他们还不断把工作推给我去做，拿快递、拿外卖、订餐厅，有时实在忙不过来，他们就会生气，是我做错了吗？”

职场有时候是很现实的，欺负你不是因为你做错事，而是因为你好欺负，甚至连他们欺负你，也不是因为他们是坏人，也许只是因为他们想偷懒。也许他们只是顺手，反正欺负你不会有什么成本，就算你拒绝了他，他们也没有损失，换个别的目标继续欺负就行。而当你在为某一次的举动是否得体患得患失的时候，也许他们根本就不记得他们让你做过什么。

无论职场，还是生活中的讨好型人格，从来都不会得到你想要的结果。所谓“人善被人欺，马善被人骑”，见人就给、人人有份的东西不会有人珍惜。物以稀为贵，平时得不到或者得到需

要付出额外成本的，你才会觉得宝贵，而对给予自己这件事物的人，才会分外感激。

比如在公司里，按照内部流程经常需要多个节点审批，如果节点 A 的负责人每次都是秒批秒过，而节点 B 的负责人总是挑三拣四、稍微不合规就把你的方案驳回来，日子久了，你内心深处会更加敬畏哪个人？是不是节点 B 的负责人？

而如果偶尔有一次，节点 B 的负责人顺顺利利地给你审批过了，你会不会顿时觉得这人还不错？相应的，如果节点 A 的负责人，偶尔有一次，磨磨唧唧的，半天没审批过，你会不会勃然大怒，觉得这人故意给你捣乱？

职场就是如此，如果你不想成为“便利贴女孩”，**要学会让你的善良有成本、有锋芒。**

职场上，老实人还经常遇见这种现象：当你很努力，但结果不好的时候，领导总跟你强调“结果导向”的重要性，“结果是一切”“没有结果一切努力都是白费”“别跟我谈过程，我只看结果”；如果结果还比较令人满意，领导就会跟你说“结果不重要，重要的是你学到了什么”“离开了体系，你什么都不是”。

不要把老板的“打压”太放在心里，那是他工作的一部分，正如同你领的工资里也有你摸鱼的那部分一样。

我们可以学会跟领导的思维反着来，将好事内因化，坏事外因化，对冲一下领导的负能量。也就是好事都是因为我实力强，坏事都是队友拖后腿、条件不允许、对手太强大之类。不用觉得不好意思，运气好也是实力的一部分。在职场上，我们孤立无援的时候居多，所以我们要学会自我排解，自己给自己打气。

你要知道，大部分工作和老板没那么“惹人喜爱”。某种意义上，工作和老板也不是让你喜爱的，你可以仅仅将其视为付出劳动然后获得报酬的正当渠道。所以，也不要轻易评判自己的工作“浪费时间”“没有意义”，至少，它为你带来了物质收益，使你在社会上拥有一份立足之本。

如果我们在上班把钱赚了的同时，还能让自己的工作变得更值钱、更有趣，那我们就赚大了。

比如把自己的主业工作中的技能运用到副业的经营上。不要瞧不起自己的主业，你认为人人都会的技能，也许在别人眼里简直就是神乎其技。比如写文章、做 PPT，当这件事情是你的主业，无疑是让人痛苦难当的折磨，但是当它是你的副业，一篇长文或者一个 PPT 能当场变现入账的时候，是不是立马对创作充满动力?

不要觉得自己一无是处，人都会瞧不起自己掌握的技能，因为你对它太了解了。所以需要保持市场敏锐度，把自己的技能经常拿出来晒一晒，和别人比一比，通过和别人的比较找出自己的长处，也许这就是这份工作赋予你的最大的价值，只是你以前一直对此保持抵触而已。而当你找到自己的长处之后，你需要做的就是不断打磨它，让它成为你的职场撒手锏，也是护身符。

所谓“手里有粮，心里不慌”，对现代职场人来说，只要有过硬的技能，去哪都不用慌。你的价值要落到自己身上，而不是身边的平台。当成为最有价值的人，你就会发现很多东西不必去纠结了，身边环境也会越来越好。

六、与其“阴谋”，不如“阳谋”

在这个社会上，我们见惯了各种圆滑世故、权力寻租与桌下交易，似乎这才叫“生意场”，这才是企业的常态，似乎所有桌面上的规则都不敌桌面下的交易。于是，很多人开始研究“职场厚黑学”和“办公室政治”，以为这才是职场生存的真谛，其实大错特错。

那些所谓的“职场潜规则”，坦率地讲，称作职场糟粕毫不为过。我的观点是：与其“阴谋”，不如“阳谋”————真正有价值的职场规则，恰恰是听起来最简单最朴实的。正是因为其简单和朴实，才更接近立足于世的真理。

第一条，做个正直与独立的人。

工作是为了赚钱，人们难免以各自的利益为纲，但所有见不得光的利益都必然有其代价。有些代价明显伤害了企业，有些代价虽然隐蔽，但可以确定的是，一旦被企业的所有者发现，一定不会容忍。

所以，年轻的人们，不要为自己独立正直、不够世故而感到不安，这恰恰是你最宝贵的品质，也是企业老板最重视的能力，更是当下稀缺的精神。如果你的老板是一个称职的管理者，一定会意识到你的价值。

那么，在职场上做不拉帮结派的人，是否意味着要少与同事打交道、少跟人来往应酬呢？其实不然。

请看第二条职场“阳谋”：学会靠人脉吃饭。

人到中年，运气好的还能继续靠技能吃饭，甚至越老越吃香，比如医生、教师。但绝大多数工作岗位是没有这种幸运的，所以要趁年轻，学会积攒一些资源、人脉，这样才能在中年以后，逐渐从靠身体、技能吃饭转型为靠资源、管理能力吃饭。

高情商、善于人际交往是一种重要的生存技能。不要小看你的工作平台。很多你在任时唾手可得的资源，离开后可能再也无法触及；很多你以为没什么价值的联系方式，当项目被卡住咽喉的时候才知道千金难换；看似高端的人脉资源，或许就藏在你的日常工作里，就藏在你身边不起眼的同事身上。靠人脉不丢人，没有人脉资源才丢人。

既然人脉如此重要，肯定要好好维护。说到“维护人脉”，有些人又会下意识地联想到一些不那么光彩的“手段”？错了！

靠输送公司利益、损公肥私？那叫狐朋狗友。靠酒桌上推杯换盏、吆五喝六？那叫酒肉之交。你有没有真心地帮同事解决问题？你有没有无私地帮客户出谋划策？你有没有以真正的聪明才智帮老板排忧解难？你是否值得信任和托付，不靠口头吹嘘，靠的是实际行动。正直的人品，真诚的性格，凡是与你打过交道的人，心里了了分明。

对领导，做一个正直单纯的员工；对同事，做一个值得信任和托付的朋友。做到这两点，你就掌握了职场“阳谋”的精髓。

七、冒险有冒险的代价，稳定有稳定的苦恼

在相亲市场上，一个年薪 40 万元的互联网码农和一个月薪 5000 元的公务员，哪个更受欢迎？这几乎是一个社会学疑问。在各地的丈母娘和婆婆眼里，答案的差异之大，会让人怀疑大家是不是生活在同一颗星球。大众眼中的好工作都有哪些特征？

工作不能只为钱，但万万不能没有钱。中年男人自信的程度和说话的音量主要取决于银行卡的余额。成家立业了，不再是一个人赚钱一个人花了，终于知道金钱也有其重要性了。

我们在网上经常看到有人对教授或学者上节目、做抖音、直播带货诸多讽刺和批评，感觉有辱斯文。但在我看来，只要是靠自己的双手和智慧换取的回报就不丢人。不坑蒙拐骗、误人子弟，还能在帮助他人解决实际问题的基础上给一些人带来快乐，或者偶尔也做一做公益，这种钱挣多少都问心无愧。

但凡事都应该有一个度，挣钱也要适度，不能钻进钱眼里，

不能拿金钱作为工作价值的唯一衡量标准。我们挣钱本是为了更好地生活，如果为了挣钱错过了生活中的美好，岂不是本末倒置？很多职场中的待遇都不是以金钱的形式出现的，比如舒适的工作环境、友善的工作团队、弹性的工作时间、有趣的工作任务，都是隐性的收益。

在众多隐性收益中，大家最容易想到也最重视的，就是稳定。

在中国，稳定有一个称谓，叫“编制”。没有多少人是真正的风险偏好型人格，绝大多数人都趋利避害，向往岁月静好。有编制，在很多地方相当于硬通货和长期饭票，甚至可以在逢年过节成为整个家庭的“面子”，出去吃饭都能坐主位。在我接触的许多就业咨询中，去体制内找个有编制的岗位几乎在每个年轻人的选项里都出现过。

其实，当无数青年男女为了一个所谓的“编制”挤得头破血流之际，有编制的人也有自己的苦恼。体制内的稳定本身也是一种熬人的压力，稳定意味着没有变化，稳定意味着既不会发生太坏的事，但也遇不上太好的事。

真正的稳定，是人的稳定。稳定是一种持续的状态，真正的稳定是跟人走的，而不是跟单位走的。工作单位的稳定是外界赋予的，依靠自身能力能在任何外部环境下都保持职场连续性才是真正属于自己的稳定。

但绝大多数年轻人，并没有进入体制内的机会。去大公司还是去小公司？去跨国巨头的基层岗位还是去创业公司拿股份？要稳定还是要挣钱？看似纠结的选择，得出答案其实不难。

如果是年轻人的第一份工作，我的建议是能去大公司就不去小公司。大公司并不仅意味着高薪酬和大的规模，而且拥有一整套运营管理模式，不身在其中，很难去体会“大有大的难处”。

同时大企业内部会有完善的保障制度和内部创业机会，对个人发展陷入瓶颈的人来说，这其实是更好的创业尝试的机会——既不需要承担巨大风险去创业，还能从内部获取更多资源支持。中国真正靠白手起家的大型企业是很少的，如今风头正劲的几家互联网公司创始人，基本都有在其他大厂工作的履历。他们在积累到一定程度之后，或者恰逢某个时机到来之后，才毅然决然下场开创自己的事业。

再者，先去大厂，如果遇到大规模的市场行情动荡，生存下来的概率也会比小厂高得多。**虽然单月的薪酬很重要，但能持续稳定地拿到薪酬更重要。**

而一旦时光走到 30~35 岁，很多大厂的年轻人头顶渐秃，变成油腻大叔，如果仍然在大厂的基层岗位上飘荡，职业危机差不多该降临了。这个时候建议跳出去看一看，去一些中小型机构争取一些中高层岗位，为自己的岗位争取一次跃迁。每一次跃迁都将使你获得一次职业维度的提升，安全系数也将得到极大提升。

八、优秀的领导者，不该也不必亲自上阵

管理层，听起来是很光鲜亮丽的头衔，坐在独立办公室里，吆五喝六指挥别人干活，自己每天签签字、开开会，似乎活出了“人上人”的感觉，但也有很多管理层抱怨“管理层难做，管人还不如被人管舒服”，那么，当领导难在哪？你又凭什么当领导呢？

很多领导不是真正的领导。我曾经遇到过这样一位苦恼的“领导”，她因为工作业绩优异，被领导提拔为“经理”，但她当上经理后发现“手下的人特别不好管，都不听我的。只要施加点压力，他们就给我甩脸子，业绩也不好好完成”，大领导怎么就委屈成小媳妇了？

详细询问下发现，她这个“经理”既不能决定手下员工的升迁留用，也不能决定员工的薪酬绩效，更不能更换开除他们，挂着领导的名号，其实干的是“领”队、“导”游的活儿。

她只是被更大的领导推出来，作为团队的信息传递枢纽而已，甚至必要的时候是背锅侠的角色。她最大的问题，就是没有意识到，所谓领导，除了拥有权力，底层本质是责任与利益。抓权力去管人，扛责任去办事，创利益去分配，才是领导者。三者缺一不可，彼此支撑，彼此制衡。少了任何一项，都不是领导者。

作为领导者，大权在握，对结果负责，权责利（权利、责任、利益）对等，业务目标明确；手下的人跟随着你，心里知道与你休戚相关，一荣俱荣，一损俱损，所以上下齐心。如果做不到上述这些，那你就不是人家的领导，也不要承担相应的领导责任。

能当上跟能坐稳，是两回事儿。领导不好当，因为权力的背后往往附着更大的责任与风险。太晚没成为管理层固然是遗憾，但太年轻当上领导有时也未必是件好事儿。

我认识一位小伙子，选对了风口行业，工作才两年半就管理二十多人的团队，这对很多人来说，听起来像小说情节，会认为小伙子年少有为，相信他在此期间，每天的工作状况良好。但打脸总是来得特别快，不到半年，团队就分崩离析，他也在一夜之间被打回原形，还和领导出现了分歧。

经此一事，指望他能够再静下心来踏踏实实地在职场打拼，恐怕很难了。体会过当管理者的感觉，再“屈尊”从基层干起，无论是谁，心里也不会太好受。虽然常有管理层吐槽说，别看我们位高权重，我们压力比你们大多了，我们也不容易呀。但你真让他跟你换，保证没一个肯换的。

对过早踏上管理岗的人来说，能迅速坐稳的是比较少见的，大多数需要一段时间来适应，如果适应不了，也就是所谓的“德不配位”，迟早要被赶下来。这期间要调整好心态，上去的时候不要飘，不要觉得是靠自己的实力获得的机会，可能只是你正好站在风口而已。下来的时候也不要沮丧，因为这本身就是你应该待的位置，而且见过高处风景的人，一定是有所收获的，眼界已打开，野心已扩张，未来会更有冲劲。

在所有类型的领导当中，最尴尬也最容易被针对的领导名叫“空降来的新领导”，作为空降来的领导，被人针对是必然的，谁知道你动了谁的蛋糕呢？

空降兵，落地之后第一件事就是找掩体，空降的领导也是一样。找到自己的队友、掩体、补给，确认哪里是战斗一线，哪里是大后方，然后才能开始冲锋陷阵。身为领导，单打独斗是很不明智的选择。成为一个团队的领导者之后，却仍然在强调自己的单兵作战能力，这不值得骄傲。如果不学会当领导，不学会带兵打仗，只是一味强调个体战斗力，那只能叫兵王，而不是领导。

如果你走上了领导岗位，不要光顾着欢欣鼓舞，先明确权责利的范围和边界，再评估自己的能力上限，最后是找好掩体和队友，先做好这三件事，然后充分发挥团队战斗力，赏功罚过、令行禁止、团结上下，完成一切上级吩咐的任务。上级信你，下属服你，客户认你，到那时你才是真正的领导。

九、职场上，没有谁不可取代

这一节，我们来讨论一下职场生存的常见问题，相信很多新人都会遇到。

关卡一：学会张嘴

新员工如何尽快融入团队、如何向老员工请求帮助，秘诀就是多张嘴。和老同事多沟通，是了解企业文化和真相的捷径。很多年轻人羞于主动社交，或者觉得自己只要足够优秀，自然会引起别人的注意，实际上，恰恰相反，很多时候当你又年轻又嚣张的时候，你引起的是大家的反感。

甚至还有人希望老员工主动来带自己，不然就是老员工不会做人。职场上没人有义务惯着你，无论是你的领导还是老员工。丢掉学生气，学会适应职场的沟通方式是你成为职场人的必经之路。

老员工爱抽烟，你就给人递烟；老员工爱听“马屁”，你就多吹捧；老员工下班到了饭点，记得请人吃饭。也许你很厌恶这一套，相信我，大多数人都厌恶这一套，但这一套很有效，你所在企业的大多数人可能也都是这么过来的。在你强大到足以改变这一切之前，最好先学会适应它。

关卡二：学会闭嘴

职场上有一条魔鬼定律：只要你在公司里说了不该说的话，就一定会被不该听到的人听到。学会闭嘴，学会保密，懂得隔墙有耳，能让你在职场少摔 80% 的跟头。

无论你进入的是怎样的企业、有着怎样的职级、从事什么工作内容，你一定会知道一些其他人很感兴趣的信息，比如你是怎么进这个公司的、你的工资是多少、上午你们部门开会领导说了什么、上周那个内部的会议纪要，这些对你来说是张口就来的，看起来不算什么秘密，恰恰相反，职场上，不会有人向你打听毫无价值的信息。

防人之心不可无，这个时候就是展现你的职业道德的时候了。千万不要有侥幸心理，没有任何一个企业的老板会喜欢一个毫无保密意识的员工的。

关卡三：别让自己闲下来

钱多事少离家近，每天上班就等下班，相信这种工作是很多人梦寐以求的。但茨威格说过“所有命运馈赠的礼物，早已在暗中标好了价格”，这种无缘无故的清闲，水面下一定潜伏着巨大的危机，既然知道水面下有危机，最好的方法当是远离诱饵，远离水面。

千万不要被职场上一时的清闲所诱惑，职场上最可怕的就是没事做。没事做就代表你没存在感和价值，而当你成为温水里的青蛙逐渐失去挣扎的能力之后，下场一定是被人抛弃。

关卡四：找到自己擅长的事

职场上没有谁是不可取代的，如果你从事的工作，别人花更少的时间、更低的成本就能做到和你一样的效果，那你就要警惕了，这说明你很可能被取代。怎么保证自己的不可替代性？找到自己擅长的事，并不遗余力地培养它。

我们总说有些人是有天赋的，所谓天赋，就是你在做某件事时，可以比别人更快、更准、更细的能力，找到自己擅长的事，你才能在有限的时间里走得比别人更远。

有人说，我比别人花更多的时间不就行了？不行。首先，会花时间、会坚持也是一种天赋，并不是你想的那么简单；其次，花费更多时间，就意味着你失去了这些时间对应的机会成本，比如提升自己、发展副业、联络感情。掌握职场上的时间主动性，你才掌握了职场上的空间可能性。

如果有人说，那我就是觉得自己没天赋啊，怎么办？天赋不是向外找到的，是向内找到的。很多人在寻找自己天赋的时候，总是过度关注自己的短板，而不去找自己的长板。天赋是你已经拥有的事物，你只需要发现它，而不需要得到它。如果你既不擅长努力，也没有艺术细胞，但天生爱笑，那不妨多笑一笑，因为笑就是你的天赋。

职场不是电视剧，因为职场的故事比电视剧精彩百倍。**职场没有大结局，你不退场，就是主角。**

第二章

成长困惑：拼不动的时候，还要不要继续战斗

人到了一定的年龄，说成长多少有些矛盾。

一方面，所谓成年人的学习成长，就如同我们办的健身卡，经常是花钱买一个对自己负责到底的感觉。我们都知道，回到家里，倒在床上刷抖音、打游戏的那个人才是真正的自己。另一方面，职业的瓶颈、收入的压力、前途的迷茫又真真实实地压在每个人的心头。在拼不动的年纪，看到一年年更能拼的年轻人走入职场，心里真的慌得很。

很多时候，"顺其自然"还是继续战斗，真的很迷茫。

希望下面的这些问题，能对你有所启发。

只是启发，不是说教。因为人生的路毕竟是每个人自己的。

一、当我们谈论“考研”时，我们在谈论什么

“30 岁了，我还要考研吗？”这个问题，在直播间里出现频率非常高。很多人在 30 岁左右都面临着这个困惑：学历似乎不够，上升空间似乎不足，想要提升自己却没有找到很好的切入点。这时候，重返校园，提升学历，似乎成了一个顺理成章的解决方案。

每次我都会详细询问他们的工作情况、家庭情况以及个人规划，希望能够从他们生活的角度进行分析，帮他们做出最好的选择。时间一长，咨询的人一多，便摸索出基本的规律了。虽然每个人的生活情况不同，但是面临的问题实际上是大同小异。当大家提出“要不要考研”这个问题的时候，真正的目的，并不是在规划自己的学业，潜台词往往是：我对工作和生活都不够满意，如果我去考研究生，能不能解决这些问题？

我想先说答案：全日制研究生，28 岁以后不建议考；非全日制研究生，要看是否有明确的用处。

用年龄来“一刀切”看似有些简单粗暴，但是大家可以仔细想一下，假设你28岁开始复习考研，当年参加考试，并且顺利考上，那你入学的时候，已经是29岁这年的9月了。按照学制三年来算，你毕业的那年已经32岁，面临着重新找一份工作的问题。公务员的招考要求为18~35岁，这已经基本接近底线了。

而对其他的工作岗位来说，近3~4年你的工作经历为零，对最新的市场情况、技术情况、产品情况等没有很好的经验积累，如果和其他刚毕业的研究生去竞争，在年龄、精力等方面都不如别人，又很难让自己按应届生的身价去找工作，所以左右看来，都是一个比较尴尬的选择。

更重要的是，这3~4年你很有可能处在一个低收入，甚至没有收入的情况下。而在32岁以后，你会更多地面临家庭、婚姻、孩子、父母养老等现实问题，收入的缺失恐怕会带来更大的压力。

这还是当年考上、准时毕业的情况下。如果有什么意外情况，再延期一年，年龄的压力就会更大。

还有一些朋友提到了户口或者积分落户的问题，用了3~4年的时间，只是存了一个学历提升的积分，不划算。而且有的城市对应届毕业生解决户口有年龄限制，依据《北京市引进非北京生源毕业生工作管理办法》（京人社毕发〔2018〕37号）有关规定：“引进毕业生原则上应具有研究生学历。引进当年博士研究生一般不超过35周岁，硕士研究生一般不超过27周岁。其中，教育、医疗卫生系统引进硕士研究生一般不超过 30 周岁。”

当我们说起“考研究生”的时候，似乎更容易联想到名校、高学历、校园生活等美好的场景，但是当我们把现实问题一点点掰开，你会发现，你面临的挑战和困难，要远远多过美好的场景。

也有人会来质问我：“难道大学一毕业，就不配再读研了吗？”

当然不是，大学毕业的时候为 22~23 岁，工作一两年继续读研的情况很常见，这也就是为什么我要在开头明确提出 28 岁左右这个年龄。**在不同的人生阶段，选择的成本和收益是在不断变化的**，这点我们必须保持清醒，不要赌气。

再说第二种，在职研究生。相比于全日制的研究生，这个选择的成本会低一点，不用脱产，能够保持工作和收入，但是需要付出更多的努力和个人时间。这个选项的关键问题在于，你是否真的想明白了你读研的目的。

有的朋友一说他的情况，我就表示非常支持他读在职研究生，比如要竞争上岗，岗位要求研究生学历；或者明明能力很强，但是顶级公司要求研究生学历；或者从事的是研究岗位，学历在未来占比会很重，像这种，再读个博士我都支持。

这些情况都属于我们前面所说的：考虑读非全日制研究生，要看是否有明确的用处。有明确的用处，成本收益很明晰，那就坚定地去努力。

但是很多朋友并没有这么明确，他们的理由通常是：在单位上升空间不足、在工作上竞争力不强、行业衰退想换个赛道、生活迷茫想找个突破点，等等。

对这种没有明确用处的情况，我就要劝大家慎重了。读研并不是一个轻松且愉快的过程，中间有很多的付出和压力，如果读工商管理硕士之类的学位，还会有较为高额的学费支出。

并且，大部分情况下，生活中的问题不会仅仅因为你获得了一个研究生的学历，就都迎刃而解。制约你上升、发展、进步的可能并不是你的学历，读研也不是解决生活所有问题的解药，很多时候只是我们的“路径依赖”而已。因为从小到大，只要回到学校里，拿到一个好成绩，就能够获得认可，这成了我们学生时代养成的惯性。

但是，最终我们还是要毕业，还是要告别校园的。读了研究生，也还是要去找工作。

二、警惕以“考研”为借口的虚假努力

这里还有一种情况要提醒大家注意，就是用“我要考研”做借口进行的“虚假努力”。

这种情况出现的频率其实并不低，但是有一个共同点：很少是本人来进行咨询，都是父母、配偶等家人来直播间找我们询问。

通常的情况是，先宣布要考研，然后辞去工作或者不再做家务、照顾孩子（或者两者皆有），正式开始复习备考。

但是复习的效率并不高，整个人也不算很努力，有的已经考研失败一次了，准备二战、三战，家人想问是否要继续支持他。

对这样的情况，我武断一点建议——不要继续考了。

不仅是因为我们上面分析过的成本和收益，而是因为，很多人做出这种选择，并不是为了考研，而只是为了逃避。

“复习考研”说起来是一件正事，万般皆下品，唯有读书高，你很难否定一个正在好好学习的人。所以一个在“复习考研”的人，通常算是一个努力积极的人，是一个可以获得正面评价的人。

甚至在这个光荣正确的方向下，家人会容忍他在一段时间内没有收入，或者少参加家务劳动，认为备考是大事，应该全力以赴。

但是，复习的节奏和压力很多时候要靠自己掌控，这需要很强大的毅力和自我控制能力，以及非常明确的目标，才能坚持下来。在没人管也没到最后关头的时候，手里有大把大把的时间，到底是在高效学习，还是在睡觉、玩手机，自我管理能否达到理想的状态，这些都要打一个问号。

而且考研毕竟有一定的成功率，一年考不上，“好好学习，复习考研”的借口还可以再用一年两年。很多人就在这样的借口下，年复一年地逃避着自己的责任。而家人出于对他的信任，还有“运气不好、考研失利”的同情，往往也不忍心苛责。

时间一长，家庭就陷入比较不健康的生活节奏当中，更加容易出现种种问题。生活的摩擦、缺少收入来源的经济压力，家人之间的关系也会越来越敏感，无法进行有效的沟通，问题会变得更加难以解决。

所以，家庭的各方都要警惕这种情况的出现，不能完全地信任、放任、纵容，而是要一起制定合理有效的方法，并且一起确保计划实施，可能还要做好失败的备选方案。

当然，我还是建议大家不要脱产复习、辞职复习。**不要过分相信自己的自控能力和自觉性**。工作意味着既有稳定的收入，还有社交、自信，以及每天的规律性和节奏性，其实给你提供了很多重要的支撑。不上班，并不一定就能过得更开心。

三、你是没时间，还是没利用好时间

前面泼了半天冷水，我们也正经说说，如果决定在职考研，或者考资格证，应该如何挤出时间来学习，如何做好学习的规划。

很多人觉得，在职考研考证，遇到的最大问题就是“时间不够”。事实上，这个认知并不准确。准确地说，最大的问题应该是：如何高效地利用时间。

即便是在脱产复习的情况下，每天的时间非常充足，其实也很难保证时间的高效利用。在职备考面临的问题就更多了，时间不固定、没有大块的连续时间、琐事繁多易分心，等等。

但是你仔细想一想，真的是一点时间都没有吗？还是有时间，只是没有利用起来呢？

给出答案之前，你先打开自己的手机，看看自己每天在社交软件、娱乐软件上花费了多少时间。很多人每天说着很忙，但是手机屏幕的使用时间并不短。微信、微博、抖音，哪个都得一小时起步。然后到了学习的时候，你又说太忙，没时间。

我们客观一点说，如果你的确有心情计划“是否要在职备考”，那么每天多少有一定的富余时间的，如果真的是 7×24 全年无休，那么也就没时间考虑这个问题了。

关键是，既然每天都多少有点富余时间，为什么没能保证每天都好好学习一会儿呢？

很多朋友在这个过程中，没有分清楚在职备考和在学校复习的区别。在学校通常是一早去自习室占座，泡一天，环境好，而且有大段的连续时间，更好进入学习状态。

但是在职备考，你就没有办法挑环境，也没有办法要求大段连续时间了。很多朋友没有意识到这一点，就会发现，好像一个星期也就有个一天半天的时间，能让你好好地坐在桌子前面，心无旁骛地学习。这样下来，学习的效率和效果可想而知。

所以，首先要扭转自己的观念，不能再要求天时、地利、人和的学习环境，要在现有的情况下尽量提高利用率和效率。

第一步，梳理一下能利用的时间，而且不要要求太高。超过半小时的时间就足以用来做几道题，看一个知识点，或者听一节网课。每天的上下班通勤时间完全可以用来听课，下班回家以后，吃完饭到睡觉前通常还能有 2~3 小时的时间。先抓紧时间看书学习，之后快速干点家务洗个澡，正好缓解了疲劳赶紧睡觉。这样挤一挤，你会发现，一个看似忙碌不堪的工作日，其实每天也能有 3~5 个小时用来复习。

第二步，就是练习让这些时间更加高效。比如上班路上听录音，一开始可能容易走神，坚持一段时间就能听进去了，有时候再拿手机记一下笔记，学习效果也还不错。千万不要因为觉得“这样学习效率不高”，就彻底放弃了，效率再不高，也远远好过根本不学。而且等你适应了节奏，效率是会慢慢提高的。

我有一个学生跟我说过他的备考经验。他每天早晨，只要一醒来，就把耳机塞到耳朵里开始听课，别管能听进去多少，但是很快就能唤醒自己，甚至刷牙换衣服的时间他也一直在听，听懂一点算一点，不行倒回去听第二遍，印象也更深刻了。

这一招在周末尤其好使，有时候早晨没有毅力起床，就先挣扎着把网课录音放起来，听着听着就清醒了。

如果真的太困，不小心又睡着了，你的家人也会把你打醒，让你关声音……

除了学习时间的规划，还有学习进度的规划。这个方面，相信所有人都有充足的失败经验：四个月过完第一轮，两个月过完第二轮，考前至少把历年真题过两遍……每个人最开始的计划几乎都是这样，但是几乎没有一个人能真正按照计划进行。

计划执行不下去并不可怕，可怕的是你因此放弃了，觉得今年反正时间也不够了，明年再说吧。结果明年还是一样，年年时间都不够。

尽量不要给自己找这种借口，效果不好的学习，也比不学习要强，进展不理想的计划，也比放弃的计划要强。如果发现计划执行不下去，那就及时调整。比如考研，今年只把英语这科保证攻下来，其他的学不扎实就当先预习了，这样至少明年的成功率高了很多。

事实上，考研的“二战”是最有希望通过的，这时候你的时间、对知识的掌握、奋斗的意志，都是最强的。但是这一切建立在你第一年也有好好复习的基础上，如果每年都是学几天、觉得时间不够放弃、等明年，那永远都不会有积累的。

你的复习计划，也可以跟前面的挤时间计划结合起来。不要总看后面还有多少没学完，先一个小时、一个小时地攒。学习的速度和效率并不会线性增长，开始什么效率后来还什么效率，所以先抓住每个“一小时”，提升每个“一小时”的效率。

进一步有一步的欢喜。

四、不能“被动成长”，就试着“主动成长”

这个问题，以前在刚毕业的年轻人身上比较常见，现在很多30多岁的朋友也开始面临这种焦虑——觉得自己在工作上没有成长，对未来充满了担忧。

甚至，直播间里曾经有一个朋友，觉得自己的发展遇到了瓶颈，很多年没有新的突破，想去国外读个研究生，完成自我成长。

再仔细一聊，发现这位朋友有一个运营得很不错的公司，收入非常可观，客户稳定且在不断拓展，业务流程流畅，所以压力不大，家庭也稳定幸福——基本就是我们很多人做梦都想要的那种理想人生。

他还焦虑，他还觉得自己没有成长很可怕。弹幕里一片哀号，我也很想哀号，我也想给自己创造一个同他这样的情景，好设身处地地替他想想办法。

不过大部分朋友的焦虑，并没有这种“凡尔赛”的色彩。很多人是在目前的岗位上干了许多年，虽说不断有新的业务，但是渐渐已经固化出一套方法，面临的问题也往往是老套路。

有一个程序员妹妹很有代表性。她在公司已经工作了五年，跟过大小项目无数，但是负责的任务只有一个：写样式。就是设计师先把想要的页面效果画出来，她负责用代码把这个样式实现，变成一个能点击、能操作的页面。

虽然她的工资收入目前还比较满意，工作压力也在可承受范围内，但是这项工作的门槛并不高，刚入行的新人也很快就能上手，而且深入研究的空间不大，多年的重复并不能提升能力。如果哪一天，公司业绩不好，以她目前的工作经历和工作能力，很难在其他地方，找到一个同等收入的工作。

这是一个很普遍的现实问题。现状并非不好，但是由于自己长时间没有进步发展，自然会产生能力方面的焦虑，感到内在价值没有增长。如果某天不得不面对外部环境的变化，担心自己没有足够的能力和底气。

工作中的成长分为两种，一种是工作本身就有成长性质。

比如你在一家发展很快、成长很快的公司，公司本来就不断地在扩张新的业务板块，研究新的业务模式，你作为其中一员，自然要跟着公司一起学习进步，经历的事情越来越多，自然处在成长的节奏中，不需要去担心成长的问题。

但是如果公司的业务比较固定，除了你刚来公司熟悉业务的那段时间有成长和进步，之后的工作内容就很容易被固化，常用的能力和解决问题的办法就那么几个。尤其是很多公司的分工会越来越细致，工作涉及的内容可能只是整个环节中很小、很具体的一个环节，这样会有更多的简单重复劳动，但是对个人的成长却并没有什么帮助。

面对这样的情况，很多人想到了跳槽，但是跳槽并不是一个最优的选择。

正如我们上面分析的一样，除非你跳到一家成长型公司，进入一个关键岗位，就可以把成长的规划交给公司，自己只要跟着一起努力。这似乎看起来很美好。

事实上，这样的岗位并没有那么多，而且不可能一劳永逸地解决问题。很多时候是第二种情况，就是到了一家新的公司，度过了最开始成长熟悉的阶段，慢慢地又回到了老样子。

而且，在对当前工作的收入、压力等各方面都比较满意的情况下，仅仅以“缺乏成长”为由就勇敢跳出舒适圈，去寻找一个可能收入并未增加、压力还要增大，但是具有所谓“成长性”的新工作，很多人是难以做到这一点的。

既然不能抱着公司的大腿跟着“被动成长”，那我们更需要思考的是，如何在现状之上，给自己一些主动的成长。

我对程序员的工作不熟，但是那天直播间正好有一个当产品经理的朋友在，她给出了两个选择的方向，我觉得很有参考价值。

第一，在当前工作上的纵向深入发展，多与同事沟通交流，对工作多一些思考。

例如工作流程是不是还能完善改进，工作的管理和分配上是不是还有更好的方法，多从管理者的角度思考问题。遇到有挑战性，或者实现难度比较大的工作，可以主动多做一点。把自己慢慢从一个单纯劳动、干活的形象，改变为勤于思考、勇于挑战、敢于承担的形象，寻求职位上的晋升。基本就是照着你的领导或者你的领导的副手的方向去成长。这样不管是内部晋升还是跳槽流动，都在基础的工作能力之上，多了管理的能力与意识。只有当你不再把自己定位为基层的简单重复劳动力，你才有可能改变自己在他人眼中的形象。

第二，在当前工作上的横向拓展。比如你拿到手的图，是先由产品经理设计了布局和功能，又由设计师进行了优化和美化，这些都是你可以拓展学习的部分。每天画了这么多样式，是不是非常了解设计规范？审美能力有没有提高？对产品功能要素分布的合理性有没有自己的思考？在这个基础上，可以利用空闲的时间，去学一学 Photoshop 或者其他的设计软件，这样你就成了一个复合岗位的人才：既能自己设计，又能自己实现。技多不压身，这些小的改变足以成为你简历上的亮点。而且有点事情做、有点技能学，也能有效地看到自己的成长，缓解成长的压力。

我觉得这是一个很清晰的规划，其实所有的工作都可以多多思考，进行纵向或者横向的拓展。前提是，你需要自己有成长的意识，并且进行“如何成长”的思考。**这样才能在跟随公司整体的“被动成长”之外，有更多自己“主动成长”的试探。**

同样的工作，你比别人多思考，多总结，就能做出来不一样的效果。

五、你不对生活动手，生活就会对你动手

上一个例子里，我建议一个程序员妹妹可以顺手学学Photoshop，直播间里有朋友一直在说“学这些没用”“哪那么容易”“那不是就多干活了吗”。

其实，这么想的人绝不在少数。很多朋友，意识到自己需要成长，急切地想要成长，还因此产生了不少的焦虑。但人是有惰性的，等到真把要学的、要改的事情摆在你面前，你又开始为自己找借口：“这个没啥用！这个没意义！我没时间！”

很多人的诉求，其实是：我对现状不满意，我很焦虑，但是我什么也不想做，请问该如何改变？说实话，这个问题好难。

我真的遇到过很多这种朋友，他拼命地倾诉焦虑，描述问题，你努力地帮他想办法，想解决方案，等有了一个切实的方案，他又开始拼命地找借口，什么都不想做，什么都不想努力。最后就是什么问题都没解决，什么事情都没行动，但是又成功地花费了一个晚上在网上聊天。

还有的朋友，你今天帮他想了办法，明天他又有了新的想法，又来跟你探讨。等到问题聊明白了，他说他再想想，过两天又冒出新的想法来。我不知道他是真的想了事情，还是为了找个话题继续聊天。但是无论如何，这种坐在家里空想的行为，是不会让我们有任何成长的。

如果你真的对生活不够满意，那你需要行动起来！你不向生活动手，就只能等着生活向你动手。“坐而言不如起而行”，说一千道一万，都不如真正动手开始做点事情有效果。空谈误国、实干兴邦啊朋友们。

如果你对工作现状不满意，你就每天晚上花一个小时，好好整理设计一下自己的简历，好好在网上搜搜招聘信息，研究一下行业里还有什么好公司，把同行的招聘广告一条条看，每天投几份简历出去。这样一段时间下来，或者你找到了更好的工作，或者你对自己有了更清楚的认知，或者你能获得改变，或者你能认清现实，总是有些进步的。

如果你对生活现状不满意，你就每天晚上花一个小时，强行用来给自己改善生活。或者把家里彻底收拾整理一遍，或者好好给自己做顿饭拍照发朋友圈，或者出去跑步运动一下。这样一段时间下来，至少你每天有一个小时是在努力改善自己的生活状态的，你会发现点点滴滴的积累让生活变得更好了。

但是如果你只是在抱怨生活的种种不顺利，在总结自己哪里不开心，这些都是没有建设性的行为，不能对现状起到任何正面积极的作用。日子还是一样的，没有任何好转，因为你没有做任何让它好转起来的事情。

这世界上没有什么生活是只需要几句话、一两个想法，不需要任何努力和行动，就能轻轻松松实现转变，并且恰好变成你想要的样子的。**抱怨和逃避的时间，有一半拿来做点努力，状态就会比现在好得多。**

你真的需要多一点行动力！

六、与其大目标，不如微习惯

这里再聊一个很有意思的发现。很多朋友的问题不在于“缺乏长远规划”，而在于“规划得太长远了”。总是把目标定得很高很大，对自己要求很高，真正执行起来反而不是这么回事儿，就更容易放弃了。

比如有一个男生，自己喜欢摄影，想搞点副业，上来的问题就是：公司注册成什么类型？如果有合伙人的话，以后出售公司或者上市了怎么分？

大家都惊呆了，再仔细一问，他目前还没有正式接过任何一单生意，平时就是自己爱好拍一拍，自己研究怎么修图。但是看这个规划，至少已经规划出来三十家连锁店了。

还有另外一家也是想做摄影副业的。男主人爱好摄影，给自己家孩子拍的照片非常好，大家都追着问哪家影楼拍的，但是男主人不擅长交流，女主人是在互联网公司做运营。

我给她出主意，让她充分发挥自己的工作经验，先把所有产品报价标准化，做一些现成的报价单，不需要多交流的那种，直接发给别人。然后在小区里面贴贴小广告，就说是宝爸、宝妈，摄影交流外加摄影服务，建个微信群，主要由女主人运营，平时给别人免费指导一下拍照技巧，多晒晒自己的摄影作品，顺便从邻居里发展出几个首批客户。最开始先便宜点、基础点，赚赚口碑，再看看能不能传播开，多点客户。这样两口子一起搞点事情干，不必去计较钱赚多赚少，也算多个共同话题、共同事业。

女主人一点就透，马上想到了好几个如何开展的细节，两口子迅速挂了连线商量去了。

不知道他们的夫妻店有没有开起来，但是这个开头的态度是对的，不要先想得那么长远，给自己画那么大的饼。要先动手，做起来。第一张广告怎么写，第一个客户怎么来，第一套照片怎么拍，从这些非常具体的小事入手。

现在想做点副业，或者自己搞一小摊事业的人越来越多，但并不是每个人都有足够的商业经验和商业头脑。千万不要以为得先读个工商管理硕士才能开始干活，最重要的是，你得迈出第一步。

很多事情的道理都是如此。我有一个朋友，嚷嚷着减肥三四年了，家里的跑步机用来晒衣服也有三四年了。结果有一天忽然晒照片开始跑步了。群里好多朋友很惊讶，问她最近咋能坚持下来了。她告诉大家，说来很奇怪，最近的改变，只是因为她老公给她买了一个 iPad 支架。

之前她跑步，总是目标远大，动不动定成 5 公里 10 公里，偶尔下决心跑一天，跑完浑身酸痛要休息五天，休息完五天，跑步机也晾上衣服了，下一次启动就遥遥无期了。后来她天天低头看 iPad，脖子也开始不舒服。她老公就给她买了一个 iPad 支架，好让她能抬头看电视剧，缓解颈椎。

之后她老公又很有创意地说，支架放在别处也碍事，要不放跑步机前面吧，你站着看，别总瘫在沙发上。站着也没意思，不如调个最低速度走两步吧。最低速度习惯了，不如速度高点，快走两步吧。

就这样，从一个最低的目标——抬头看 iPad，慢慢到了每天能坚持慢跑。而且每天电视剧更新几集，慢跑就能坚持多久。电视剧看完了，也养成习惯了。吃完饭就慢跑，看会儿 iPad。搁置了很久的大计划，最终靠着 iPad 支架，神奇地运转起来了。她老公还感慨：就如同给拉磨的驴挂了一根胡萝卜……

大的目标反而无法实施，因为达成这个目标的成本太大了，很容易就会不达标，不达标就很容易放弃。最小的目标反而可以做完，做完就能坚持，坚持就能养成习惯。

如果你的宏大目标迟迟没有进展，不如试着把它拆成最小、最小的目标，从这个角度开始再试一遍。

开始行动，比制订计划重要。养成习惯，比实现目标重要。

七、先解决情绪，再解决问题

成长其实不仅关乎工作，也关乎生活。一些朋友有着生活上的困惑，来找我聊天，有时候聊着聊着，他们自己也会发现，可能远在十年前这个问题就已经存在了，但是时间过去这么久，问题还是存在，甚至一点都没有改变，还陷在原来的老套路里。

比如有一个大姐，她的婆婆总是偏心，对她要求很多，但对其他子女就很宽容。很多时候要求她做这做那，出钱出力，而且习惯性地道德绑架她。

大姐从刚结婚时说起，说到孩子都结婚了，发现还是这个套路。最近的一件事是，她的侄子要结婚，但是她前段时间骨折，还没有休息好。婆婆要求她一定回来参加婚礼，说给你准备轮椅，准备拐杖，都没问题。老公也这么要求她，并且连机票都给她买好了，放下话说票都买了，钱都花了，你怎么也得去。

她非常委屈，觉得“为什么你们要这么对我”。我说那你就别去呀，机票又不是你花钱买的，不给退就不给退。你这次去了，下次这招对你还是管用，还会这么要求你的。她又觉得不合适，觉得这次都这样了，肯定得去，但是自己很不开心，一直问，为什么他们不能理解理解我呢？

我们当然很同情大姐，因为大姐也是被套路套住了。一直以来，相处的方式就是：提出不合理要求，给大姐施加心理或者道德上的压力，大姐屈服认同，老公适当地出面赞扬，让大姐觉得这次就这样了，下次再说，下次继续。

年轻的朋友可能对这个例子感触不深，我再举一个：很多小情侣吵架，都是从某个小问题开始，双方吵架、升级到你不尊重我、你不理解我，开始冷战，过一段时间消气了，道歉送礼物和好，下次遇到同样的问题还是继续。

没对象的朋友可能对这个例子感触不深，我还能再举一个：每年你过年回家，都会有一群亲戚朋友催婚，每次说的话都一样，你每年都烦一次，第二年还是原样继续。

发现了吗？其实生活中有很多这样的惯性套路，我们都陷在里面。每次遇到都是同样的开端、同样的发展、同样的结束。每次你都不喜欢，但是等到了下一次，还是老样子。

我们笼统一点说一下解决方案：要么解决掉问题，要么解决掉情绪。

先说大姐的案例，我们建议她，要不然就硬气一点：“我就不去，我都这么大岁数了，不能总由着别人的心意活，我觉得不合适。我就讲明白我的道理，做出来我的选择，希望你们能尊重。如果因此对我有非议，我也能承受，反正下次你们再道德绑架我，就要考虑一下成功率，别觉得都是天经地义的。”

如果觉得做不到这一点，或者也不想自己努力打破这个怪圈，那就别生气，想开点。反正机票你们买，接机你们负责，我行动不方便也不跟着操心，我就心平气和地去，该吃吃该喝喝。最难过的是，又讨厌这种状态，又不想花力气改变这种状态。到最后就是事情也不顺，心情也不好。

吵架的例子也是一样，或者你自己好好想清楚，问题出在哪里，我想要什么解决方案，然后跟对方好好地谈，争取下次不要再跳进没事找事吵架的怪圈，不要继续消耗感情。如果觉得做不到，或者也不想折腾，当这件事情发生的时候，别太影响心情。冷战就当多了个人空间，自己高高兴兴地过，等过两天气消了、和好了，也别翻旧账。

回家被亲戚催婚当然也可以如法炮制，或者诚恳地拉着大家聊，你们别催我，催我也不一定能找到更好的，还会影响我的判断。人生也不是到点不结婚就得拉出去枪毙，找得不合适，过两年离婚了不是更麻烦吗。或者别往心里去，别人说啥你就回对对对、是是是、有道理、哈哈哈、下次、尽量、努力、嗯嗯、行行、好的。

从生活的惯性中解脱出来有很多种方法，不一定非要激烈反抗，也可以淡化处理。但是如果你反反复复处在情绪中，也不要指望生活会自己好起来。

不要被生活的“惯性”，牵着你的情绪走。这样既不能解决问题，又容易让自己难过。**要么解决问题，要么放过自己。**

八、刷手机算不算“利用碎片时间学习”

现在网上有很多的课程宣传，比如每天花十分钟，利用碎片时间，就能够学会很多很多东西。英语、金融、美术都能学。有的人对这种学习方法有质疑，觉得不靠谱，有的人对此很追捧，觉得很有用。

在我看来，如果可以坚持每天十分钟看点成体系、有用处的东西，多点常识、有个入门知识、激发兴趣，是没问题的。但是想要通过这个方法在某个领域快速精通、深度掌握，是不太可能的。

有一个真实的案例。我有一档视频节目，每天结合国际关系热点进行讲解和解读。有个小姑娘负责给这一档节目核对字幕。所以她每天必然要花上十分钟左右仔细看视频，把中间提到的关键词、人名、地名、历史典故、年代等挨个仔细核查，确定文字准确，没有错误。

这个节目刚开始的时候，她对国际关系和国际政治一无所知，印度的总统名字到底是哪两个字，也要去百度一下。现在一年多过去了，节目已经做了将近 400 期，这个姑娘已经基本不需要动用百度，就能准确判断文本的正确性，对很多国际形势问题也如数家珍，甚至有的时候，还会对一些事件有自己的理解。她开玩笑地说我也算她半个老师。

这种学习的前提是，虽然每天只有十分钟，但你是认真地去理解、思考、记忆的，并且能够长期坚持下来，有的时候还会主动补充一些基础的背景知识，进行思考。

但是更多的人是怎样呢？大概就是每天在网上，刷刷新闻热点，没有选择地浏览一下，也不区分内容的优劣。

这是一个知识爆炸的时代，很多信息内容都有你未曾了解的知识点。但是看到这些东西，并不等于你就进行了学习，并且有了进步。比如有的人很喜欢一个生物学方面的热门博主，常常给大家介绍各种奇怪的生物，这种视频你看上很多期，出了门还是不知道小区门口种的植物叫什么，树上成双成对的是什么鸟。因为内容本身就是科普娱乐方向的，他的价值可能不是教你认识几种奇怪动物，只是让大家提高分辨能力和思考能力。

很多人的目的当然也并不在于学习，只是想给自己刷一些存在感和成就感，掩饰“又刷了一天视频啥也没干”的现实，美其名曰“利用碎片时间学习”。

这种美化其实大可不必，还不如大大方方玩手机，玩完以后抽空看一会儿书。哪怕十分钟、十五分钟，至少不是一直用虚假的幻觉安慰自己。

九、多大年纪都得对生活保持兴趣

有个大姐来找我们聊天，主要忧虑的事情有两件。第一件是自己刚刚退休，每天没事做，很焦虑。另一件是孩子工作几年，社交圈子很小，找不到对象，很焦虑。我说好办，赶紧培养个兴趣爱好。大姐说谁培养，我说你俩都培养，各培养各的。

我们有的时候对兴趣爱好有点误会，感觉就是小时候爸妈给报的特长班叫兴趣爱好，一定要学点儿琴棋书画，最好能学出点儿名堂来，至少也要逢年过节能拿出来展示一下。至于自己是不是真的喜欢，那不重要。

成年以后的兴趣爱好也多少带了点攀比的味道，这个喜欢旅游，每年不出国两次，再住一住小众民宿，那都不算完。喜欢运动的也一个比一个高端，如马术、滑雪、高尔夫。像我这样只想打麻将的，都不好意思跟人家打招呼。

但是有的时候，兴趣爱好真的不必如此高端。不用听起来高大上，甚至不用搞出什么名堂来，自己喜欢，能获得快乐，就足够了。培养点自己真正喜欢的兴趣爱好，是我们热爱生活的必要手段，也是拓展和重建社交圈子的重要手段。

拿大姐的女儿来说，很多孩子都面临着工作之后社交圈子变窄的问题。很多年没认识新的好朋友，认识的不是同事就是业务合作伙伴，多少都带着工作的框子，鲜有聊起私人话题、真正沟通交流的契机。这种时候培养点爱好，有一个完全不同的社交圈子，多点儿单纯能聊的话题，也是一个不错的选择。业余有时间了，参加个读书会，逛个博物馆，看场演出，逛逛展览，拍拍照片什么的，既能换换心情，又能拓展社交圈。

我建议大姐也去发展点儿兴趣爱好。跳跳广场舞，认识些新的小姐妹，今晚一起跳舞，明天还能一起逛早市。省得时间多了没事干，容易胡思乱想，焦虑太多。认识的姐妹多了，姐妹家说不定还有适龄男青年，一举两得。

如果每天挣扎在工作的压力、家庭的压力中，长时间没有正能量的输入，整个人会处于“没有很开心”的状态。很多人的缓解办法可能就是，报复性熬夜玩手机、打游戏，或者干脆出去喝顿酒。这样强行清理一下身上的负能量，再继续努力生活。

我也建议大家思考一下，工作之余，你还有什么事情，是能给你带来正能量输入，能真正让你忘记疲惫、感受快乐的。

有一个这样的爱好，不用很了不起，自己开心就可以了。毕竟人生，还是要学会生活。

十、我为什么建议你没事儿多考几个证

“考几个从业资格证，有用吗？”

这个问题问的人也很多，看起来跟考研很像，但是有不同之处。

第一，考资格证的成本相对更低。复习通常不需要脱产，也有相应的网络课程。而且资格证只要考过了就可以，不像考研考过了，还要再花两三年时间，才能拿到研究生的毕业证。第二，资格证跟工作的相关性往往更强。很多工作要求资格证作为入行基础或评价标准，而且资格证往往跟工作内容联系更紧密、更接地气一点。

其实我是建议大家如果没啥事干，多考资格证的。但是背后的理由，可能跟很多人想的并不一样。很多朋友还是在心态上有些浮躁、急躁——最好考一个资格证，年薪立马翻倍，职级立马提升，工作马上一帆风顺，全世界都对你另眼相待。

事实上，还没有哪个证可以起到这个效果。

因为资格证，是一个入行的门槛，只能证明你有相应的能

力和基础，可以从事这个行业。但是进门之后，你做得怎么样，能到什么水平，完全看你个人了。只要考过一个证就一劳永逸高枕无忧，没有这种事。

而且大家想想，我们周围有多少擅长考试、学习能力超强的人？如果真是只拼考试能力就能一辈子靠着资格证吃喝玩乐，你考得过他们吗？

我建议考资格证的原因有两个。

第一，这虽然只是入场券，但是你多了一个选择。

我身边有不少朋友，虽然并不打算从事律师行业，但是也去考了法律从业资格证。法考（国家统一法律职业资格考试）和注会（注册会计师执业资格考试）都号称是天下第一大考，按照培训班老师的说法，考过这个资格证，证明你的水平已经基本到了该专业研究生的入学水平。而且这个证作为一个敲门砖，让他们也多了一些底气。无论什么时候，都有一个“大不了改行当律师”的退路。

很多人其实考完以后并没有真正从事法律行业，最多是帮单位看看合同，搞搞法律流程什么的。甚至有些人的工作与此毫无关系，写到简历上也就是个点缀。但是你不要小看了这个点缀，这其实是学习能力的象征。尤其是这种跨行法考的，从侧面证明了你的学习能力和自我管理能力。

这就是我想说的第二点。资格证其实是对自己学习能力的锻炼，也是对自己学习能力的证明。

很多朋友大学毕业以后，就没有真正好好地学习过，或者经历过什么大考了。慢慢地对自己的学习能力有了怀疑，甚至觉得自己有了退化。这一点看似无关紧要，事实上在各个方面都有一些微小的影响。例如在工作中，见到新的未知领域总有畏难情绪，或者在家庭教育中，不自觉地就会对孩子说出“你趁着年龄小记忆力好，可得好好学习，爸爸现在记忆力不行了，学不动了”之类的。看似在激励孩子，其实传达的是很负面的情绪。

而且，你的学习过程是在给你的孩子做出榜样。最好的教育就是言传身教。孩子在学习，你在刷抖音，孩子在看书，你在看电视，那你对孩子指手画脚的说教，能令孩子信服吗？如果孩子学习你也学习，孩子备考你也备考，他才会觉得这是一件正常的事情，学习是有必要的，大家都要好好学习。

很多时候，一件事情带给我们的影响，不如我们想象中那么好，却有很多意想不到的好处。如果你真的认为学习很重要，要求孩子认真对待学习，那么不妨把这个要求也提给自己。

第三章

家庭困境：心灵的港湾何以变成生活的火山

考虑到现在单身的人越来越多，如果本章的内容对一些单身的朋友造成了刺激，提前表示一下歉意。

但是如果你结婚了，本章十分值得一看。

太多的夫妻生活，都是从一场恩爱开始，到一地鸡毛结束。

家庭很少成为我们期待的心灵的港湾，倒经常成为我们生活当中的火山。

人们越来越善于放过自己，但是越来越不善于放过别人。

所以，学会过日子，对你的生活非常重要。

一、在稳定和发展之间找个平衡

这对夫妻给我的印象非常深。丈夫来直播间进行提问时，他和妻子的关系已经比较紧张了。因为刚生完孩子，妻子是事业编，在当地拥有一份非常稳定的工作，但是丈夫工作比较忙，经常外派。这时候，刚好有一个工作机会，要派他到南方某一线城市去工作，职业晋升的机会和薪酬都会有非常大的增长。但是这位丈夫觉得，为了家庭关系，为了迁就自己的爱人，为了让她获得稳定的感觉，想要放弃这个机会，以牺牲事业来成就家庭。

这种家庭状况其实在我们的生活中比较常见，夫妻步入中年之后，需要在稳定和发展之间找一个平衡，尤其对在职场中比较强势的一方来说，他需要去平衡自己在事业和家庭之间精力和时间的投入。而且随着经济全球化的发展，很多时候，我们的工作可能不限于本地，需要有更多的出差机会，才能够获得晋升。所以处理这一类的家庭矛盾，我们一定要平衡好发展以及未来的预期。

很多家庭在这个节骨眼儿上都会面临抉择。一般对男人来说，35 岁是一个分水岭。在这个年龄阶段，随着阅历的丰富、工作经验的成熟，他们将会面临自己职业生涯中最重要的几个机遇，可以说，这几个机遇将会决定未来十年、二十年，甚至更长远的职业发展。

其实在这个案例中，下策，就是丈夫独自去南方工作，留妻子和孩子在老家。这里有哪些问题？第一，孩子得不到父亲的有效陪伴，在成长过程中会有一定的缺失，造成孩子出现情绪管理问题甚至是安全感的不足。第二，由于没有很好地照顾到妻子的情绪，并且年轻的夫妻两地分居，也会造成夫妻关系的僵化，甚至是整个家庭关系的恶化。第三，如果是独自前往南方，其中的诱惑、冲击，对男方本身也是一种挑战。

中策呢，就是丈夫不做改变，留在原有的生活中，放弃工作机会。他们也可以在小城市安逸地生活，但是不能保证的是，一旦未来，当这个家庭需要钱、需要丈夫更进一步去负担家庭开销的时候，由于丈夫失去了之前的一些机遇，可能无法胜任“经济支柱”这个角色。在这种情况下，他会不会遭受埋怨？会不会遭受妻子的冷眼和整个家庭的不信任？而这种埋怨，也会让丈夫委屈不甘，因为正是由于家庭，自己放弃了最好的晋升机会。这也会是未来家庭矛盾的伏笔。

在这个案例中，我们给出的方案是我们认为的上策之选——

打破安逸。虽然产生了工作调动，但丈夫所在的企业是比较大型的企业，并且整个晋升路径和待遇的改变都非常非常明晰，在这种情况下，妻子舍弃家乡那份看似稳定的事业编制，跟着丈夫一起去南方城市打拼，不失为一种明智的选择。

这里有人会讲，难道因为丈夫的晋升路径和待遇更好，就让妻子放弃稳定的工作吗？老实说，其实在那个城市，以妻子的工作经历不难找到一份工作，也能保证家庭的健全。丈夫的职业生涯发展得到了保证，当家庭真正需要用到经济和社会资源的时候，丈夫能够胜任。在南方的大城市生活学习，对孩子的成长、阅历也是非常有好处的。

还有人会问，为什么更好的发展，却带来更紧张的夫妻关系？其实，好的婚姻就是合伙开公司，合作上优势互补，利益上高度统一。妻子确实可以换工作，但作为合伙人，她也需要一份尊重，她可以牺牲利益，但这份牺牲不是理所当然，这是她为了“公司”的发展，而做出的巨大贡献。

多说一句，当家庭面临类似抉择的时候，我们真的需要具体分析每一种选择的利弊。对这个家庭来说，“改变”是很好的选择，但注意，对某些家庭来说，“改变”就不是一个好的选择。这也是我一直强调的——**选择改变之前，我们需要衡量自己的付出和收获**。当这份改变确实能为未来带来好处的时候，选择改变未尝不可，但是当这份改变只是虚无缥缈、不满于现状的一种“逃避”，务必三思而后行。

二、矛盾冲突背后，是情感的需求

这是一个比较有意思的案例，前来咨询的是一对年轻的夫妻。他们是“跨省恋”，丈夫老家在湖北，妻子老家在湖南。

妻子非常不受婆婆的待见。因为婆婆比较信风水，通过生辰八字，断定这个儿媳妇是“克”他们家的，从一开始就不是很满意。并且因为丈夫要照顾妻子的情绪和更高的职业发展，没和母亲打招呼就辞了职（这份工作是母亲托了很多人情才找到的），去了妻子所在的城市创业，母亲因此大发雷霆。

丈夫离开时，又刚好赶上他的父亲去世，婆婆更觉得儿媳“克”了整个家庭的运势，导致他们之间的关系降到冰点。这对夫妻过来咨询，其实是带着“要断绝母子关系”的意愿来的。

我们可以看出，这个案例里，首先，丈夫是非常不成熟的。作为儿子，他有几件事情的处理非常不恰当。第一，当父母和妻子之间产生矛盾的时候，他应该充当居中调和的角色，他更加了解自己的母亲，是最适合顺应母亲的想法和思路去缓和婆媳关系的人。

同时这份工作是父母帮忙找的，如果想辞职，一定要提前告知父母。丈夫也知道，自己的母亲是一个非常强势、好面子的人，他的一系列举动，不论是在亲友中，还是在他们居住的厂区大院儿里，可以说让他的母亲非常下不来台。

所以，看似婆婆固守成见，其实是为了维护自己的面子。而且她刚刚失去了丈夫，更加需要陪伴和情感支持，她需要一个台阶。

直播间中，我们首先让这位丈夫换位思考：当他处在母亲的位置，如果自己的孩子做了这些事情，他会有什么感受和反应。同理心的唤起，能够更好地让这位丈夫去与母亲沟通。当时刚好是端午节前后，我给的建议是让他们准备一些礼物，“大操大办”地回趟家，让街坊四邻都看见，然后当面向母亲“谢罪”，为自己当时做事的冲动道歉。

后来，这对夫妻又回到直播间，给我们说了后续发展。虽说母亲没有表现得非常热情，但也把他们引进门，还准备了一大桌好饭好菜。现在他们保持着日常通话，每周都会回去探望母亲。

通过这件事情可以看出，当我们面临婚姻等人生大事的时候，虽然说自主权在自己手里，但是依然需要和父母做好沟通工作。同时，当我们面临重大抉择，而且已经受到了父母很多恩惠的时候，一定要提前告知他们。有矛盾，有分歧，我们可以主动点儿，采取一些行动，给长辈一个所谓的“台阶”，让关系得到进一步的缓和。

人无完人，我们都曾被父母、长辈在不经意间伤害，这种伤害更多是无意的。如果处理得当，这种经历会让我们激发出更多动力去成长，让自己足够强大，能够对抗甚至是“报复”他们。

但是，大多数情况下，当我们成长得足够强大，我们发现长辈也老了，当年锋利的个性也变得柔和且脆弱了。我们总是要求父母以发展的眼光看待我们的成长，**我们也需要用发展的眼光去正视父母的变化。**

就如同这个案例中的母亲，当年强势咄咄逼人，年老之后依然渴望亲人的陪伴，也会在自己一贯坚持的所谓“原则”问题上做出妥协和让步。而我们作为子女，应该首先做出让步，给出一些台阶，让父母能够进行表达。

三、成长的前提，是与原生家庭拉开距离

这是一位 30 岁出头男士的咨询。他在事业上已经小有成就，经济上不但独立，而且可以补贴家用，他一直觉得自己是一个相对比较开明，能够真正为家里做贡献的好儿子。

但是他的母亲非常强势，在家里说一不二。产生矛盾和分歧的时候，他的母亲一定要做主，并且全家人都必须遵从母亲的意愿行事，一旦有所违背，母亲就会破口大骂，进行非常严重的人身攻击。而这个位男士的父亲的性格相对比较懦弱。这也是比较常见的一种家庭关系配置，一方过于强势，另一方就会相对妥协一些，否则只能走向离婚这一步了。

从这位男士的描述来看（尽管只是一面之词），他的母亲可以说有些偏执，至少在情绪控制上存在问题。但是，这位母亲对整个家的奉献、对子女的爱，也是真实的。这就使这位男士在心里产生了巨大的矛盾：母亲的表现让他想要逃离这个家，逃离现有的生活，以他的能力，完全可以独立；但情感上的牵绊又让他

舍不得离开，不离开的结果就是继续在家遭受言语甚至精神上的伤害。他非常渴望通过自己的努力，改变母亲的行为方式和处事态度，让家庭关系能够如他所愿，更加和谐美满。

当时我的咨询师朋友指出，对这种情况，做家庭关系治疗是最有用的。咨询师可以帮忙调整家庭整体之间的沟通方式，能起到非常好的效果，但是鉴于他母亲对家庭关系治疗十分抗拒，这条路基本走不通。

最后，我给他的建议是：从自己出发，和家里保持一定的距离。作为一位 30 岁出头的男士，他应该组建新的家庭，和原生家庭保持一定的距离。适当的距离感，能够弥补原生家庭带给他的伤害。

人与人时常待在一起，势必会发生很多矛盾冲突。有些时候确实是距离产生美。当我们和父母在日常生活中分开，定期回去探望，这种时候我们会更愿意对家人表达和沟通，分享的也是自己经历的比较高兴、能够唤起积极情绪的部分，也就更有利于关系的维护和保持。

后续，这位男士也在私信里跟我做了非常多的沟通，总体来说，“尝试了很多办法，真是没有用”。只有保持距离，确实能缓和他和原生家庭的关系，也让自己不再陷入纠缠的状态，能够把注意力投向新家庭的组建。

子女成年之后，特别是经济独立之后，对自身能力会非常自信，所接触到的资源和方法也非常多，常会希望家人做出一些符合自己预期的改变，这是非常困难的。**想要改变他们，不如先改变自己。**

父母正慢慢老去，慢慢变得柔弱，开始依赖孩子。我们要将自己对父母的预期调整到一个合适的位置，不能因为自己强大了，而看低父母之前的贡献，看低父母取得过的成就。

我们真正需要做的，是在家中需要顶梁柱的时候，站出来承担起那一份父母之前所承担的责任，慢慢地进行权力的过渡和交接，通过一些很小的事情，潜移默化地让家人感受到自己可以独当一面，感受到自己值得信赖。

通过这样的变化，其实我们也可以发现，父母会慢慢地变得不再那么棱角分明，变得愿意依靠我们，剑拔弩张的家庭气氛也会得到非常好的缓解。

四、每个家庭成员，都需要自由呼吸的空间

这是一个单亲妈妈的求助。她和丈夫离异比较早，拥有孩子的抚养权，和婆婆还保持着比较好的关系。孩子读完大学参军之后，她明显地感到了儿子跟自己的疏远。其中一件事就是儿子从来不主动联系她，都是她主动联系儿子，儿子的回应也相对比较冷淡。第二件事情，就是她非常想看儿子当兵之后的照片，儿子总以“机密”为由拒绝，但是儿子会将一些自拍发给奶奶。

这件事情就让她非常崩溃，因为她认为自己倾尽了所有的爱与精力，投注到儿子身上，她也非常关心儿子，想要了解他的近况和想法，儿子却表现出极度的逃避心理和心态。而且居然跟奶奶比跟自己更加亲近，她觉得自己这么多年的付出都白费了，急于知道应该怎么做，才能缓解和儿子之间的关系，也想知道儿子心里到底是怎么想的。

其实在国内，这样的情况并不少见。家庭经济收入的责任多由父亲承担，相对而言，父亲会疏于家庭事务，和妻子的关系也

比较疏离。很多时候妈妈会将自己的情感投放到孩子身上，对孩子造成一种“反噬”的作用，让孩子感受到巨大的压力，感受到自己的空间被挤占。他很想逃避这样一种被掌控、被裹挟的状态，才会做出比较极端的逃避行为。

在家庭关系里，很多时候丈夫需要扮演一个“争宠”的角色，从爱人身上争取一部分注意力，不要让她将全部的精力和情感都投放到孩子身上。从这位母亲的描述可以看出，孩子就读大学期间，他们还是能够保持相对比较良好的沟通，而且这期间确实没有发生明显冲突，导致孩子必须离开她。

所以当时我建议这位妈妈，可以用微信把自己的感受、情绪和想法告诉儿子，同时去寻找一些新的、自己感兴趣的、真正想要做的事情，少去打扰、打探儿子的生活，多向儿子分享和表达自己。

对这种关系，非常重要的一点，就是让对方可以自由呼吸。每个人需要有自己的一部分空间，他们可以选择暴露，也可以选择隐藏，外人是没有资格也没有权力强行闯入的，包括家人。一旦你强行闯入，对方会逃避。所以最好的处理方式是自我暴露，适当地进行自我分享和自我表达，由此引发对方想要倾诉和表达的意愿。

子女成年后，在跟父母的沟通中，也需要注意方式方法。老实说，这个案例中儿子的表现是过于极端的，对父母来讲算是一种极大的伤害，特别是对这个单亲妈妈，是一种不可逆的打击和伤害。

其实这个孩子也知道，他需要逃离母亲的掌控，不但对自己好，也是对母亲好。但是突然转变态度，采取一种对抗甚至是隔阂的态度，在我看来是不值得提倡的。

当孩子步入大学校园，或者找到第一份工作，开始享受独立的时候，可以平心静气地坐下来和父母沟通，表达自己的意愿和想法，也可以对父母提出自己的期望。**这份期望不是强加在父母身上的指令，而是我们作为子女对父母新的人生阶段的祝愿。**

其实我们可以很简单地告诉父母："我能够感受到，你们为我操劳了大半辈子。希望在我独立之后，你们也能够享受自己的生活，能够去寻找自己的乐趣，我们可以彼此分享各自喜爱的生活，做到既独立，又融合。"

孩子需要通过合理的表达和适当的行为，去证明自己的成长，也应该给予父母变化和成长的空间与耐心。

五、不是所有的伤疤都需要揭开再疗愈

这是一位年轻的女士的求助。她来自一个农村家庭，家里生活比较清苦，上面有一个哥哥，但是她一直不知道自己还有个妹妹。后来机缘巧合之下相认，才从自己的母亲那里了解到，小时候家里很穷，父母就将妹妹送人了，所以她对这个妹妹没有清晰的记忆。

相认后，她觉得自己非常亏欠妹妹，所以在生活中无条件地满足妹妹各种各样的需求，同时她又对母亲产生了强烈且复杂的情绪：一方面觉得母亲过于狠心和残忍，没有尽到该尽的责任，居然能把妹妹送出去，并且这么多年不去关心她；另一方面觉得自己享受了本应属于妹妹的爱，占用了本应属于妹妹的资源。所以她对母亲既有指责、不满，也心怀爱和感激。

她非常想跟自己的母亲大吵一架，数落和斥责母亲的种种不是，讲述母亲对妹妹的亏欠。

在我看来，这个案例中最需要调整的，是这位女士。

指责是另一种形式的逃避，她心中的愧疚和不安，她对母亲复杂的情感，其实都是自身情感的投射，但她又因为恐惧，不敢面对自己，所以将对自己的责备，转化为了对父母的责备。

作为一个孩子，她无权指责母亲，因为母亲已经给了她能给的一切。鉴于当年的家庭经济状况，实在无法将所有的支持和爱给予更多的孩子，把孩子送人也是无奈之举。

老实讲，我们对父母是抱有非常复杂的情感的，一方面我们对他们心怀感激，一方面由于童年的一些经历，无法放下对父母的成见。这也是常说的：等了一辈子，父母都在等儿女的一句感谢，儿女却在等父母的一句抱歉。

很多时候，重新回顾当年的创伤事件并不能解决当下的问题，过多地暴露创伤，反而是对当事者的二次伤害。解决这一问题的核心是正视问题的存在，淡化它对目前生活的影响，相信未来并不会被当年的事情所影响。

伤害已经形成，而且无法被修饰和隐藏，需要做的是修复与干预。对这位女士来说，她应该去做的，是对自己的妹妹进行补偿，同时成为修复妹妹和母亲关系的桥梁。因为这份关系里面真正的问题是“缺失的母爱”，有资格去指责母亲的是妹妹，真正能够原谅母亲的也是妹妹。作为姐姐，作为独享这份爱的她，应该作为桥梁和缓冲剂，重新建立起妹妹和母亲的连接。同时，她应该对自己的妹妹说一声对不起，对自己的母亲说一声感谢。

在解决原生家庭问题的时候，我们不应该去逃避，也不应该急于去揭开过去的伤疤。而是应该将过去的这份经历转化为日后生活中的经验教训，尽力去避免，未来是可变的。

六、该扮演什么角色就扮演什么角色

这位母亲连线了多次，询问的都是同一个问题：儿子上五年级，非常叛逆，每天沉迷于手机游戏无法自拔。这位母亲尝试了讲道理、定规则等很多种方式，但是毫无效果。哪怕情绪爆发，最终还是不得不向孩子妥协（因为孩子表现会更加过分），同时，孩子的父亲经常以工作忙为由，逃避教育儿子的责任。

这是常见的“丧偶式育儿”家庭：母亲在孩子身上投入了自己全部的情感，而父亲则采取一种逃避的态度。关键在于，当孩子出现行为问题的时候，只凭母亲一人是很难解决的。直播间经常出现的一种现象是，当我们对母亲提出了很多建议后，母亲会回去一一尝试，但母亲也会发现，在操作和尝试的过程中，作为一位母亲，如果承担了本应由父亲扮演的角色，自己痛苦，效果也不好。

这个案例里存在两个问题。

首先是“丧偶式育儿”。一般来讲，一个家庭需要两个角色——父亲的角色和母亲的角色——共同出现，父亲的角色一般用于批评、制定规则以及家庭秩序的维系，同时当母亲在孩子身上投入过多或产生极端行为（过于非理性的感性行为）的时候及时制止。母亲这个角色则是用于安抚，保证孩子情绪的稳定，成为孩子情感的依托，让孩子在成长中产生安全感。

“丧偶式育儿”的家庭，母亲既要扮演父亲的角色，又要扮演母亲的角色，这个时候家长会发现自己两个角色都扮演不好，既痛苦，也达不到好的效果。对孩子来说，他们也非常矛盾。当他想要和母性角色接近的时候，角色严厉的一面会让他选择远离；当他过于远离反而需要安全感和情感依托的时候，他又无所适从，不知道自己是否应该靠近。

但并不是说父亲必须扮演威严的角色，母亲必须扮演安抚的角色。不同的家庭、不同的父母性格下，有些家庭就会出现这样的情况：母亲扮演父亲的角色去制定规则，去批评和指责孩子，同时注重建立家庭秩序。而父亲，则是孩子的心灵港湾和情感依托，在孩子受到创伤和痛苦的时候，起到安抚的作用。

所以，问题的核心是：**不论角色如何，在家庭关系里，夫妻一定要学会分工合作。**最理想的情况就是父亲扮演威严的角色，母亲扮演安抚的角色。因为男性会有一种天然的威严感，他们制定的规则和秩序对孩子来说更容易接受，而母亲更能体验到孩子情绪和情感的变化，也更能够给予孩子情感的慰藉。

所以对这个家庭，出面制定玩手机规则的应该是父亲，而不是这位母亲。

另外一个问题，就是孩子的手机成瘾。电子产品成瘾已经成为社会普遍现象，想要解决这个问题，非常重要的一点就是以身作则：家长要在家里制定少用电子产品的规则，并且严格遵守。在孩子不玩儿手机的时候，家长可以陪孩子做一些其他事情，读书、动手实验，分散孩子精力的同时，给孩子树立起一个不玩儿手机、不接触电子产品的榜样。

另外多说一句，对游戏我们不能一竿子打死，游戏对学龄前儿童的认知发展和社会化非常有帮助，也能够让孩子树立规则意识。家长参与到孩子的游戏中，能够在拉近亲子关系的同时更好地帮助孩子成长。

制定规则后，如果孩子没有忍住，破坏了规则，第一次我们可以警告，并告知第二次就要采取惩罚的措施。如果这个时候孩子表现出非常强烈的肢体动作和情绪反应，作为家长，在安全可控的范围内可以让他们尽情发泄，但是需要坚守底线，当他们的情绪趋于平稳的时候，再去进行安抚和解释工作。

最后一次连线的时候，这位母亲告诉我们，她按照我们说的去做了。在孩子歇斯底里时，她表现得更加坚定，丝毫没有妥协，有一次居然当着孩子的面，把自己的手机摔了。同时，这位母亲要求她的丈夫必须在养育孩子的过程中，亲身参与进来。虽然说父亲一开始还是表现得有点儿无所适从，过程中也略显生硬，但她发现，当父亲参与进来之后，孩子的行为和情绪控制都得到了明显的好转。

七、十岁以前，家庭教育比学校教育更重要

这是二胎、多胎家庭都会面临的一个问题。一位二胎父亲有一个孩子刚好到了上小学的年龄，另一个孩子刚满周岁，家境一般，不支持妻子作为全职主妇在家中照顾孩子，孩子由老人帮忙照顾。现在有一个机会，可以让老大在西安接受更好的教育，但需要他从县城搬到西安去工作，也意味着这个家庭要在一个大城市重新开始。

从县城到西安，从老家到大城市，可以预见，头几年他们一定会忙于工作，疏忽对孩子的陪伴，老二也无法兼顾，估计只能放在老家，由外公外婆照顾。

这种现象很常见。有机会可以让孩子上更好的学校的时候，家长免不了要做一些额外的付出：要么是搬家，要么是在附近租房，要么是花一到两个小时在路上，要么是夫妻某一方放弃工作，全职陪读。

我一直强调的观点是：**孩子在三岁前一定要有父母的陪伴，否则大概率会出现情绪管理甚至发育迟缓问题**。对十岁之前的孩子来说，更重要的是完成他们个体内部的成长，保证他们能够安全、平稳地进行对外探索并建立起安全感，塑造一个健全的人格。

所以在这个阶段，学校的教育反而没那么重要。真正重要的，一是父母的陪伴，二是充分的休息，三是充足的锻炼，四是良好的情绪管理能力，五是良好的学习习惯，六是强大的自信心。而这些不是通过补习班或者名师名校就可以简单培养的，需要的是家长的陪伴和付出。

所以对这个家庭，我们给出的建议是：小学阶段，先让孩子在县城里读书，等五六年级的时候（刚好老二已足够大，可以上幼儿园了），再转学去大城市，可能会更好。同时在这个过程中，夫妻双方可以有一方先去大城市打拼，试着稳定下来，周末回来陪伴孩子，另一方则在家中照顾和陪伴孩子。这样是一个折中的、对老大老二都相对公平的选择，对这个家庭来说也是一个比较好的解决方案。

以目前的政策导向来看，以后的教学，尤其是义务教育制度下的教学资源会更加平均化，更加看重孩子在小学阶段的全面发展和素质教育。因此在这个阶段，父母的陪伴指导，以及情感的安抚和亲密关系的发展都应优先于学业。

使孩子获得健全的人格，收获一个快乐的童年，要比付出全家的一切去拼得一个优质校区的学位更加重要。

八、在平淡婚姻中感受幸福的两种有效操作

这是一位年近五旬女士的提问。进入直播间后，她一直在数落自己老公的不是，列举了老公生活上的各种问题，工作上的各种不努力。我问她："你的老公到底有什么可取之处呢？"她表示，他除了能做一手好饭和料理家务外，别的方面一无是处。她觉得跟老公没有共同语言，看不到老公的进取心，看不到老公为了家庭做出的改变，看不出老公对子女的帮助。言下之意就是"这种老公不值得留恋"，她希望通过这样一个"冠冕堂皇"的理由支持她离婚，也希望在直播间里获得认同。

直播间里很多观众也都在讨论，很多人劝她要珍惜这位好老公，不要轻易离婚，毕竟要求一位已经 50 多岁还能兼顾工作和家庭的丈夫再保持进取心不是一件现实的事儿。

要我说，还真的希望他们离婚，并不是为这个女士不值，而是为她的老公不值。当一个人把别人对她的好都当作理所应当，把别人的优点都当作习以为常的时候，那她将只剩下不断膨胀的

欲望和不断提升的要求，对方比较平庸的方面将被放大成很严重的缺点和不足。

这位女士，也透露出不舍。一是她的丈夫确实对她很好，二是她的丈夫能把家里打理得井井有条，让她在家里可以无忧无虑。

其实，伴侣的预期管理、夫妻的沟通模式以及如何应对另一半不断提升的要求，是中年夫妻在经营婚姻时常会面临的问题。当双方已经无话可说，生活中不再郎情妾意，只剩下粗茶淡饭的时候，请问他们还可以幸福吗？我的答案是，也可以幸福，平淡的婚姻只是在考验你知不知足。

那么，当婚姻步入平淡，夫妻感情应该如何维系呢？

这是一个非常重要的议题。结婚几年，尤其是有了孩子之后，夫妻之间的话题免不了围绕柴米油盐、孩子、房子、车子展开，如果出现问题，最后免不了相互指责埋怨，在这个过程中，曾经无私的付出已变成理所应当，双方在失望和愤怒中磨掉应有的耐心和亲密感。

这里介绍两种改善夫妻沟通模式的方法。

第一个，“幸福一件事”。如果你觉得和对方已经没有共同话题，不知道聊什么，索性每天给对方讲一件自己当天觉得开心、幸福的事。不需要讲很多，讲出起因、经过、结果即可。这种分享不仅能够唤起自己的快乐体验，也能加深对方对自己的了解，用积极情绪的唤起来替代之前的“一沟通就生气”，慢慢建立起一个“和他在一起我会有开心的情绪体验”的认知反应。

这个方法我已经推荐给了好几对婚龄大于五年的夫妻。其中两位妻子反馈说效果非常好，不但增加了交流的机会，还让家里的气氛变得非常融洽，孩子每天最期待的就是晚饭过后一家人坐在一起，分享自己最开心的事。

第二个，“实物话语权”。探讨问题时，为了避免喋喋不休的争吵，我们可以采取实物话语权的方式：随便拿一个小物件当作话筒，轮流摆在两个人的面前。拥有“话筒”的人可以尽情诉说，另一个人哪怕有千言万语也要忍住，记住一定要忍住。当“话筒”易主后，另外一方也可以自由表达自己的观点和想法。这个方法的优点在于可以避免不必要的争吵和可能的冲突升级。充分表达与倾听才是夫妻沟通中的答案，**很多时候夫妻矛盾就是在竞争潜在的“话语权”罢了。**

当夫妻关系进入新的阶段，我们要主动采取一些手段来保持生活中的新鲜感，并解决生活附赠的鸡毛蒜皮。

对这位女士，虽然我也介绍了一些方法，但没抱多大希望。很多时候只有失去之后才会后悔之前没有珍惜，也希望我们不要走到离婚那一步才发现，他就是那个独一无二的、真正适合自己的另一半。

九、无法心理自愈时，果断求助

这次来求助的是一位十七八岁的小伙子。之前他的家境还算富裕，但后来出现经济问题，父母选择一走了之，留他一个人在家，不定时地打一些生活费。虽然生活有所保障，但是需要时常面对债主的上门催债以及言语恐吓，加上都是父母单方面联系他，自己很难联系到父母，导致他对未来生活的发展非常不确定。家庭的变故，以及自己的一些因素，使他出现了非常严重的双相情感障碍（也就是通常所说的“躁郁症”）。

当家庭突遭变故的时候，没有丰富的社会阅历、缺乏安全感、本身就有潜在问题的孩子很容易产生心理问题。轻的话可能只是出现焦虑、强迫、哀伤、抑郁相关的表现（不会发展为心理障碍）；情况严重的话，则会出现抑郁症、焦虑症等心理障碍，甚至像这位小伙子一样出现双相情感障碍。

这个孩子在直播间的表达还算清晰，但是情绪一直很低落，有明显的厌世态度，表示他目前处于抑郁时期。

我的咨询师朋友说，对躁郁症患者，躁狂状态下，他会非常兴奋，大脑不断运转，思路非常清晰，创意和点子也很多，但这些想法和创意往往过于天马行空，缺乏可行性和逻辑性。

恰好这位男孩儿又是学艺术的，躁狂状态下的他认为自己无所不能，拥有无限的创意，可以完成其他人无法完成的艺术作品。其实很多艺术家都有类似的症状，他们会在躁狂状态下创作出非常独特的艺术作品。

一旦转向抑郁状态，躁郁症患者的抑郁水平又比一般的抑郁症患者严重，相当于大脑过度兴奋之后出现的极度疲劳。这种重度抑郁状态如果不进行干预，可能会危及生命。

所以当时我们对这个男孩的建议是，一定要去当地的医疗机构做一个精神障碍的诊断，看看自己是否真的属于双相情感障碍，如果是，一定要遵医嘱配合治疗，需要服药的时候服药，也可以介入一些心理咨询作为辅助。

至于父母和家庭经济问题，我们确实是无能为力。他最需要的是照顾好自己，重新回到学校，至少考上一所大学，这样才能对自己的未来有所帮助。这种情况下，我们需要让他明白，**当父母由于自身问题无法尽到责任的时候，我们就需要肩负起这份责任，对自己负责，自己当自己的父母。**

同时我们要清楚，心理自愈能力是有个体差异的，当我们一向平稳的环境突遭变故时，有的人经过一段时间和方法的调整，心境就能慢慢恢复到正常水平，但有些人的确无法自然恢复，甚至转化为某种心理障碍。这很正常，就像每个人对相同的病毒会有不同的反应。有的人接触了病毒，却没有感染；有的人感染了，却很快痊愈；有的人不但生了病，还转成重症。

我们需要对自己的状态进行评估，如果一两个月之后依然无法梳理好自己的情绪，思绪依然沉浸在变故之中，就需要借助一些外力（比如心理咨询），帮助自己恢复。再强调一次，这也是对自己负责任的一种体现。

十、你的爱情里，是否有父母的影子

这是一个即将“奔三”的女孩儿的提问：不想谈恋爱，但家里一直在催，不知道该怎么办。问题是，其实她自己也着急，她也想找到合适的另一半结婚，她也非常向往亲密关系，希望得到甜蜜的爱情。随着聊天的深入，她才透露，之所以不想谈恋爱，除了没有遇到合适的人，还有一个原因，就是她怕遇到像自己父亲一样的男生。

她父亲在事业上比较平庸，是一个典型的“窝里横”——在家过于强势，在外又过于懦弱。而且，虽然父亲很爱她，会给予她非常多的关爱和支持，但情绪管理有问题，经常出现情绪失控、在家里乱发脾气的情况。她不希望自己变成母亲那样，天天抱怨和数落丈夫“当时如果没有嫁给他，现在的生活可能会更好”。

对这个女孩儿来说，原生家庭的问题使她在亲密关系的处理中止步不前。很多男女青年都存在同样的问题：原生家庭的不幸，导致自己对亲密关系缺乏安全感，从而对即将开始的亲密关系表现得过于焦虑或冷淡。

不可否认，很多时候，男孩找的女朋友，在某些特质方面一定会很像自己的母亲，女孩儿的另一半也会很像自己的父亲。这个是不可避免的，也不见得是坏事。问题在于，如何鼓起勇气去尝试，并敢于解决关系中出现的问题。与其一直在恐惧，不如鼓起勇气，遵从内心的渴望，尝试扩大交际圈，瞻前顾后只能让自己止步不前。

那么，如何解决亲密关系中出现的问题呢？很重要的一点就是找到适合自己的亲密关系类型。

一般的亲密关系类型有四种：安全型、回避型、焦虑型和疏离型。

安全型在感情上很容易接近他人，“不管是依赖他人还是被人依赖都感觉心安”。不会害怕独处和不被接纳，他们对亲密关系淡然且信任，出现问题，他们不会逃避或者出现过度焦虑的情绪反应，他们会以解决问题为源头，处理好发生的问题。

焦虑型的亲密关系也叫痴迷型，他们希望双方在亲密关系中都非常投入，“没有亲密关系让我不安，有时还担心伴侣不会像我看重他一样看重我”。但对方往往并不乐意把关系发展到如他们期望的那般亲密。他们对关系中的任何改变都小心翼翼，非常害怕这些改变会导致关系的破裂，所以总是显得小心翼翼、咄咄逼人，结果往往会导致另一方觉得自己被控制，被压迫得喘不上气来，最终选择逃离。

回避型表现出的则是一种冷漠，“感情上我渴望亲密关系，但很难完全相信、依赖他人，和他人发生亲密接触会使我不安”。对亲密关系的建立，他们既不主动，也不排斥。他们担心自己和伴侣太过亲密会受到伤害，当亲密关系出现问题的时候，他们则会采取回避的态度，通过这种方式来减少冲突，他们的目光不是聚焦于解决问题，而是淡化问题。

疏离型则表现为即使没有亲密关系也安心。“对我而言，独立和自给自足更加重要，我不喜欢依赖别人或让人依赖。”这种类型的人群从根本上不信任亲密关系，认为亲密关系只会给自己平添烦恼。

还有一种是混乱型，就是在焦虑型、回避型和疏离型之间反复横跳，在亲密关系即将建立的时候，他们选择回避和疏离，在没有亲密关系的时候，又会表现出焦虑，疯狂去寻找亲密关系。

梳理好自己的类型，你就可以行动了。

对安全型来说，你可以大胆地寻找你的另一半，这种依恋类型一般会让另一半极为舒适；如果是焦虑型，你一定要注意控制自己的焦虑，学会信任和放手，努力给对方充足的空间；如果是回避型，则需要主动做一些自我暴露，你要表达出自己对这份关系的重视；如果是疏离型，那么你需要告诉身边人自己的选择以及勉强建立亲密关系对自己的危害。

其实大多数人都是多种类型的混合体，如果根据自己的亲密关系类型选择另一半，会起到事半功倍的效果。

除了梳理好自己的亲密关系类型，我们也不要排斥相亲。建立亲密关系，很重要的一个途径就是扩大交际圈，相亲就是一个简洁高效的方法。不排除会在相亲的过程中遇见奇葩，但是我们要相信，只有更多地接触才能让我们找到真正适合自己的另一半。我的很多大龄同学都是通过相亲步入婚姻殿堂的。

在相亲的过程中，我们也可以通过亲密关系的甄别来了解对方，如果对方是安全型的，那我们一定要尽量去争取。如果我们自己是焦虑型，对方是回避型的话，相处起来也会比较融洽。良好的亲密关系会让我们更接近安全型，不良的亲密关系经验可能会让我们变得更糟，但并不是不可救药，这种情况下可以选择专业的咨询进行干预。

说来说去，对大家的建议就是，**千万不要去回避和逃避更多的接触**，先把所有的可能性都掌握，这样可能性才会真转化为事实。

第四章

养娃困扰：很抱歉，孩子和你都是普通人

大多数的中年人，其实都是家长。青年时的豪情万丈，到了中年都成了孩子身上的那一点指望。家长们经常开玩笑地讲，要是孩子懂事、爱学习，那是上辈子积德；要是孩子不争气，那肯定是上辈子的债主来这辈子讨债了。

随着孩子渐渐长大，家长和孩子的关系，不再是那种单纯的抚养萌宠的关系，而是成为一个个问题、一道道关卡、一次次冲突，如何解决这一个个问题，跨过这一道道关卡，化解这一次次冲突，将是本章最重要的主题。

一、沉迷手机的背后是亲子关系问题

很多人一谈到孩子沉迷手机游戏，总是想当然地认为这是父母没有教好的原因。其实这种说法是非常傲慢而轻率的。游戏厂商背后是多少专家、学者、研发团队，所有的游戏关键的地方针对的都是成瘾性，换句话说，别人干的就是让孩子沉迷的活儿，如果没这本事，他们根本就没法在这个行业混。那么你想想看，他们开发出来的游戏哪里是作为普通人的家长可以对抗的。所以别再把板子都打在家长身上了。孩子沉迷手机游戏背后，其实是当代社会许多问题共同作用的结果。

孩子为什么会沉迷手机游戏？通常来说，主要有三个方面的原因：

其一，不良的家庭生活习惯。

很多家长，自己下班回家就坐在沙发上玩手机，还理直气壮地要求孩子远离手机。这种管教模式是很难对孩子真正起到作用的。就像肥胖经常是一家人的肥胖一样，沉迷手机经常也是一家人的沉迷手机。我经常和一些家长朋友讲，你不爱读书，怎么可能让你的孩子读书？你不爱运动，怎么可能让你的孩子爱运动？你自己都离不开手机，凭什么让你的孩子远离手机？

其二，亲子关系出了问题。

沉迷手机游戏的孩子，从来不是一下子就沉迷了。孩子的沉迷其实是一个过程，但是为什么家长直到问题非常严重才发现呢？因为，家长平时很少关心过孩子。这是许多家庭最大的一个问题，那就是不到出问题，家长看不到问题，而家长看不到问题，是因为家长经常以敷衍、对付的态度来处理亲子关系。想想看，多少孩子沉迷手机，都是源自家长为了省心将手机塞给了孩子。

你懒得讲故事，让手机讲故事；你不想陪孩子玩，让孩子玩手机游戏；你不和孩子聊天，让孩子在手机上聊天。长此以往，孩子怎么可能不沉迷手机？而家长往往只有到了非常极端或者造成了严重问题的时候才意识到问题，通常为时已晚。

许多留守儿童之所以沉迷手机，最主要的原因，就是家长平时忙于工作，鲜少陪伴孩子，就算是在孩子身边，谈论的也只是学习和成绩。而这样的沟通方式，最终会让孩子移情手机，疏远父母。

其三，孩子在现实生活中受挫。

一些沉迷手机游戏的孩子，之所以离不开，是因为他们能够在手机游戏当中获得现实生活里无法得到的满足。一方面，我们一些家长朋友经常以自我意识为中心，从自己的角度出发，去考虑问题、处理问题，鲜少会去照顾孩子的想法；另一方面，在同龄人的交往过程中，一些孩子因为成绩、相貌、身体、社交能力等被边缘化甚至被霸凌，当这些问题长期无法解决的时候，这些得不到尊重、理解、赞赏的孩子往往充满了挫折和压抑，而在手机游戏当中，他可以被接纳、被赞赏、被陪伴、被尊重。当孩子的渴望无法在现实生活中实现，却可以在网络游戏中实现的时候，孩子自然会沉迷于手机游戏。

所以，家长们要想让孩子不沉迷手机游戏，关键是在生活习惯、亲子关系和成就感这三个方面着手。

首先，以身作则，养成良好的家庭生活习惯。

户外运动加阅读，是最好的家庭习惯，而要让孩子形成这样的习惯，需要的是家长多做，而不是常说。一方面，大运动量不仅能够让孩子吃得香、睡得好，而且能够有效地让孩子离开手机；另一方面，阅读带来的思维快乐能够让孩子对简单的感官刺激形成足够的抵抗力。周六周日，家长放下手机，带着孩子踢球、徒步感受自然，晚上回家，家长带着孩子，远离电视、手机，一起读书，这才是最好的家庭生活习惯。

其次，要注意培养良好的亲子习惯。

家长一定要有意识地不再用手机去对付孩子。要克服那种把手机往孩子手里一塞，自己解脱的不负责任的冲动。孩子的见闻，我们要去了解。孩子的情绪，我们要去体会。孩子的成长，我们要去记录。不要把孩子变成最熟悉的陌生人，每天试着和孩子认真地聊会儿天，不要因为他是孩子就不去理会，要让孩子在被爱、被关心、被理解中获得真实的人际关系的满足。

最后，要及时治愈孩子的挫败情绪。

一方面，我们要保持对孩子校园生活的高度关注，孩子有没有受欺负，孩子在成绩、相貌、体格上有没有挫败感，这都是家长应该注意的。一旦孩子因为这些问题而沮丧，家长要做的是为孩子撑腰打气，为孩子解决问题。另一方面，家长要知道，我们通常是孩子最主要的压力源，我们可以批评孩子，但是在批评之后要有安慰和鼓励，**批评是必要的，爱和赞赏也是必要的。**

二、孩子不该是你的“一切”

许多家长朋友问我，要不要为了子女进更好的学校而换工作、换城市。老实说，如果调换工作、城市，既能够让孩子上好学校，又让自己事业的发展更进一步，实现共赢，那么换一下自然是皆大欢喜。问题在于，当不能两全的时候，我们应该如何选择。

首先，家长要避免拥有“只要为了孩子，一切都可以牺牲”的想法。

孩子的成长有非常大的不确定性，高投入不见得就会有高产出。虽然家长们说的都是无怨无悔，当你付出越多，你的期望不可避免地会增加。想想看，如果没有那么高的期望，你又何必为了孩子上一个好的学校而牺牲那么大？工作和城市承载着家长对自己生活的态度和未来发展的选择。孩子是一个重要的考虑因素，但孩子不是一切，也不应该是一切，因为孩子一旦成为一切，孩子也将对一切负责。事实上，大多数的孩子都会是一个平常人，过度投入的家长往往是在进行危险的赌博。

你可以赌，但请记住，失去或者得到都应该是为了自己或者出于自己的本心。千万不要形成“我做的一切都是为了孩子”这样的状态，不要让孩子背负你的“悲惨人生”。你做的仅仅是你的人生选择，而他还有自己的人生要选择。

其次，家长们一定要注意，如果我们连自己都照顾不好，其实也很难照顾好孩子。

你要想一想，如果你的事业能够取得成绩，也许带给孩子的帮助可以更大。有时候，孩子的长远利益恰恰是与我们的事业发展密切相关的，那些刚刚有宝宝的宝妈、宝爸尤其要注意这一点。在孩子幼儿园、小学阶段，往往是我们事业关键的上升期，老人支持一下，自己拼搏一下，工作做好了，事业有成就了，以后可以给孩子提供更好的条件和机会。

换工作不是小事，尤其对很多女性来说，人到中年，如果自己的工作还不错，再换的话恐怕再也找不到这样好的机会了，这个时候真不能轻易地为了孩子而换工作。事实上，随着学区资源日益均衡化，以及“双减”政策的推广，孩子读书的事情总可以另想其他办法，但工作的事情很可能是过了这村就没这店了。

最后，相比于换工作而言，换地方往往是一个更重大的选择。

虽然古有孟母三迁，但换地方往往意味着孩子与家庭社会关系的重建。很多父母老是担心，换了地方孩子不适应，最后自己比孩子还不适应。换地方通常包括两种情况，一种是给孩子换地方，异地求学；一种是举家搬迁。就异地求学来说，在不同的求学阶段，换地方的意义也是不一样的，如果在幼儿园、小学阶段，其实相比于校园教育来说，家庭教育往往更加重要。

家长们一定要明白，在12岁以前，我们要尽可能地让孩子有一个完整的家庭氛围，不要轻易地为了所谓的好学校让孩子和我们分开。如果是初中、高中阶段，学校的作用就会非常重要，这个时候，**为了孩子的学习环境，做出一些调整通常是有必要的，但尽量要家长和孩子兼顾**。比如，可以考虑让家里老人带着孩子在外地读好学校，或者考虑住校的方式。但要注意的是，每个孩子情况不同，如果孩子自理能力不足，或者很难适应一个人的生活，最好还是和家庭一起。

就全家搬迁来说，则需要平衡孩子的求学与家庭的工作生活，如果真的决定全家搬迁也要充分注意孩子的适应情况。更重要的是，家长一定要告诉孩子，这是家庭的共同决定，而不是仅仅为了孩子，避免孩子为此背负沉重的心理压力。

三、放心，孩子输不在起跑线上

“孩子同学都报了课外班，我有没有必要也给孩子报名？不然孩子就落后了。”做家长的，看到孩子的同学都在报课外班，要说不慌那是不可能的。前几年辅导班泛滥，很大程度上就是家长集体焦虑的结果，而这也正是国家加大干预、打击课外辅导机构过度牟利的重要原因。

要不要报课外班，其实就一句话：要实事求是，不要人云亦云。各家各娃的情况不同，盲目攀比不仅徒劳，还常常适得其反。

首先，小学四年级以前，课外班的作用其实并不大。

对处于幼儿园、小学阶段的孩子来讲，关键的是四个方面的锻炼：其一，要有充分的游戏玩耍，有个好身体，孩子在进入小学阶段以后之所以成绩落后，很大一部分原因就是身体跟不上学习强度；其二，要有充分的亲子互动，以培养父母与孩子之间的亲密关系，良好的亲密关系是让孩子在青春期、叛逆期稳定成长的重要保障；其三，要养成良好的生活习惯，远离手机，喜欢阅读，热爱大自然；其四，要培养语文、英语的语感，十岁以前的良好语感对以后的阅读、作文都有着极大的帮助。这四个方面，前三个方面主要是家庭教育培养的，而最后一个方面也未必需要辅导班。

所以在四年级以前，课外班的作用其实非常有限。尤其数学教育更是如此，这是因为很多孩子的智力发育水平有其自身的特点，并不一定与其他孩子同步，这使得他的数学思维总是似乎差别人半步。在这种情况下，着急补课是没有用的，家长应该做的是耐心等待。很多问题，当孩子发育到了一定的阶段，往往就迎刃而解。这就是我们常说的“孩子开窍了”。

其次，小学四年级以后，课外班还是有一定作用的。

因为四年级以后，题目的难度开始加大，尤其是语文和数学，如果孩子在学校没有学扎实，那么参加适当的课外班还是有一定积极作用的。在初中和高中阶段，考虑到中考和高考的压力，课外班的作用也相应提高。一方面，适当的课外班辅导有助于孩子检验学习中的不足；另一方面，针对性的题型训练的确有助于孩子在一定程度上提高成绩。

必须指出的是，课外班现在已经受到国家的严格限制。以后，通过传统意义上的课外班来抢跑的现象肯定会越来越少，家长们还是要更多地调整自己的心态，接受孩子的自我成长与发展。

最后要强调的是，未来，越来越多的课外班将主要围绕孩子的素质教育，这是国家教育改革的大方向。

素质教育阶段，如何选择适合自己孩子的课外班，往往取决于家长们对孩子特长、兴趣的理解。不要把课外班变成艺术家、运动员的孵化器，这些靠天赋吃饭的职业其实不是家长们可以规划出来的。学钢琴不一定非要成为郎朗，踢足球也不一定非要走职业化道路，**音乐、体育更多的收获并不在于技艺本身，而是专注度、好身体和艺术情操的培养**。这些技艺之外的获得，对孩子以后的发展会有着非常重要的长远影响。

四、做个“优秀的普通人”就好

很多家长都经历过这样一个过程，那就是小时候觉得孩子是天才，大一些觉得孩子相当优秀，到最后发现孩子就是一个普通人。有人曾经开玩笑说，人的成熟就是三个认识：认识到父母很普通，认识到自己很普通，认识到孩子很普通。

一些家长经常问我，要不要让孩子走上艺术生、体育生或其他特长生的道路，我总是会问一个问题：“你是怎么确定你的孩子有音乐天赋或是体育天赋的？”

我经常听到的回答是：“他在他们年级跑步是最快的”“她从小跳舞就好”“我孩子每年都是学校晚会的主持人”……

老实说，每次听到这种回答，我都不知道怎么办好。说实话是很得罪人的。

我必须小心翼翼地进行迂回，比如“咱孩子有拿过什么地区的奖项吗”“他的围棋教练是怎么看的”。说句大实话，很多时候，你以为自己孩子优秀，真的只是你以为的。在中国这么大的国家，大多数人真的是不够资格谈天赋的。更准确地说，其实只是个业余爱好。即便是被骂大街的中国足球，随便来一个预备队的青少年职业运动员，也可以把很多业余“天才”踢得找不着北。

你觉得自己孩子优秀通常只有两个原因，其一，你太爱自己的孩子了；其二，你真的没见过有天赋的人。

所以大多数情况下，**我们对孩子的天赋，最好都当作一个爱好来培养**。毕竟普通人有那么一两项拿得出手的爱好是件很好的事情，是不是要把这个爱好往职业化的道路上去培养，却需要家长们高度谨慎。尤其是艺术生或者体育生，如果不是孩子学习成绩真的不行，最好慎之又慎。不是每个家庭都有郎朗、丁俊晖的家庭那么幸运，不是每个孩子都有姚明那样从小就一目了然的天赋。我们的目标是把孩子培养成优秀的普通人，而不是天才。

五、“尊重孩子的选择”也要分时候

“报志愿时，到底听谁的？”

对大多数家庭来讲，高考志愿其实是一道没有正确答案的题目，因为孩子往往并不清楚自己想成为什么样的人，家长也常常不了解孩子适合走哪条路。最常见的情况是，全家参与，一起抓瞎。

首先，帮孩子做志愿选择，家长要根据自己和孩子的实际情况来决定听谁的。

一方面，千万别简单地来一句“尊重孩子的选择”。大多数孩子在填志愿的时候，对志愿、专业、高校、职业发展与社会发展，往往一知半解甚至一窍不通，这个时候尊重孩子的选择几乎和让不会游泳的孩子自己在池塘里扑腾没有什么区别。这不是尊重孩子，这只是家长甩锅。很多家长说“我也不懂啊”，可是你不懂你也不用高考啊，你总比准备高考的孩子有时间、有精力、有心情、有资源吧，为啥不能抽点时间去学校了解志愿填报呢？**孩子是要对自己负责，可是在孩子成人以前，家长也不能推卸自己的责任。**

另一方面，对优秀的孩子，家长要尊重孩子、少添乱。什么叫优秀？你没上大学，你孩子能考一本以上的学校，就叫优秀。你没上重点，你孩子考上重点“985”“211”“双一流”就叫优秀。不管你的高考战绩多牛，你孩子只要能考上清华北大就叫优秀。在这种情况下，孩子在未来的发展、对世界的理解上可能都比你强，至少不比你差，那么他的人生就应该他做主。

其次，要如何做选择呢？

第一步，收集信息，了解高考志愿的门道。主要包括社会发展趋势、专业发展前景、高校特点等，这样的信息一点也不缺。有熟人在学校或者教育部门工作的不要怕麻烦，多问、多请教。

第二步，结合孩子的考试情况进行综合判断，一般原则是“985”“211”“双一流”的别太挑地区，一本和好二本要结合地区与专业，压线情况确保录取的别挑地区和专业。

第三步，做排除，孩子特别反对的，别选。

对大多数家庭来说，家长提供选项，孩子进行选择是一种比较合理的搭配。现在有很多帮人填报志愿的机构，条件允许家长们当然可以借助外力，但这件事情和装修其实很像，你不能把结果完全寄托在对方的专业和良心上，你必须自己懂一些，才能对这件事情有基本的把控。

最后，选择完了就别后悔，向前看。

不要让后悔困扰孩子未来的发展。人生的路还长，高考不如意还可以考研，去哪里读书和去哪里工作不同，重要的是要鼓励孩子好好学习，认真对待大学生活，不要自怨自艾消极躺平。

六、家长只是孩子的保障，而不是远方

“我想让孩子毕业后回到我所在的城市工作，有错吗？”

有没有错，要看孩子的具体情况，也要看家长所在城市的未来发展，更重要的是要看家长的情况。家长和孩子的关系，其实是托底的关系。孩子的上限，自己去开拓，孩子的下限，家长来保障。对出身于经济不发达地区的孩子来说，所谓家乡，其实是你无路可去时唯一可去的地方，它往往不是你优先的选择，而是你最后的选择。

家长们要让孩子们回家，尤其是要拗着孩子的想法逼孩子回家时，首先要问问自己，能不能负责到底。谁选择，谁负责。

很多家长，自己也帮助不了孩子，但是对家乡有一种谜之自信，总觉得北京上海也不如自己家乡，可真把孩子弄回去，其实啥支持都没有。这种家长就是典型的无能偏执型家长，最后是把孩子折腾得够呛，自己还理直气壮。像这样的家长，对孩子最大的贡献就是让孩子自己去折腾。老实说，对这种毫无社会关系的

孩子，去他想去的地方打拼，很多时候还真能打拼出一番天地，到时候再把家长接过去养老，才是皆大欢喜。可是有的家长就担心，万一打拼不出来呢？你想想看，就算打拼不出来和回家郁郁不得志地闷着又有多大不同呢？

其实，对大多数家庭来说，孩子毕业以后去哪里工作，都是一个不必立刻达成共识的问题。

除了一部分考公务员、事业编的孩子，大多数孩子的工作在将来都是流动性的。家长们很多时候之所以着急，是因为他们还保持着过去那种毕业工作了生活就定下来的习惯，而现在的年轻人在结婚成家之前换几个城市、换几份工作都是正常现象。即便结婚生娃之后，甚至考进体制之后，换工作、换城市也非常正常，家长们不妨淡定一些。老实说，毕业以后去哪里工作现在越来越成为一件没有对错，只有看着办的事情。

最后，**家长们一定要清楚一件事，我们终究是要放手的，**你的控制欲和你的能力到底能不能匹配是一个问题，你的安排和你孩子成长的关系更是一个问题。

有的时候，即便你能安排好孩子，你的这种安排对孩子到底是不是一件好事也是存疑的。家长的能力是用来帮助孩子而不是安排孩子的，因为一个总是被安排得很好的人，往往是一个长不大的人，而你终究会老去，这个时候你的孩子可能已经被定型为一个平庸的人了。如果孩子的确平庸，那么提前安排也是合理的，问题是，如果孩子不平庸或者不甘平庸呢？

七、谁负责权威秩序？谁负责爱与游戏？

都是第一次做父母，做不好是正常的，但是毕竟是做父母，做不好还是应该努力去学着做好。一般来说，父母的分工配合，主要是根据父母的特点、孩子的发展阶段来决定。

一段正常的亲子关系，最重要的有两个元素：一个是权威与秩序，一个是爱与游戏。通常来说，在传统家庭里，父亲要承担权威秩序的功能，而母亲则通常提供爱与游戏的陪伴。这种安排，除了和传统社会中男主外女主内的家庭结构有关，也和母亲直接承担了孕育孩子的过程而男性很大程度上只是亲密关系的旁观者有关。

然而在现代家庭里，父母的角色分工有了很大的变化。

一方面，女性地位的提升，让一些家庭的权力结构出现了变化，母亲可能是掌控者，负责权威与秩序，父亲可能成了爱与游戏的陪伴者。发生这种变化其实并不是坏事。另一方面，现代生活撕裂了一部分家庭的生活图景，被工作困扰的父母们可能更渴望在家庭中获得休息，而不是成为陪伴孩子或是管教孩子的加班者。这就带来了非常严重的亲子问题：一些家庭没有爱和游戏（母性角色缺失），一些家庭没有权威与管教（父亲角色缺失），还有一些家庭既没有爱也没有权威。这才是现代家庭教育中孩子经常面临困境的根本原因。

所以，父母在教育孩子的时候，一定要搞清楚两件事：谁来和孩子进行爱和游戏的互动，谁来提供权威与秩序；谁陪孩子说私房话，谁在孩子面前守住底线。要注意的是，不管分工如何，对另一方，做父母的都要支持，因为不团结的父母，会带给孩子非常混乱的信号。孩子是天生的“机会主义者”，他们会敏锐地捕捉到父母之间的意见分歧，精准地予以各个击破，所以永远不要当着孩子的面争吵。**家庭教育的失败往往是从父母同盟关系的解体开始的。**

值得注意的是，当孩子进入13~16岁的叛逆期以后，父母的协调与幼儿、少儿时期相比要有一定的调整。父母不仅要注意相互支持，而且一定要有一个人扮演孩子知心人的角色。这是为了避免让孩子觉得，家里是“两个对一个”的统治，要让孩子觉得父母里有一个自己的同盟军，要让孩子愿意和父母中的一个人保持交流。这种交流非常有助于父母了解孩子的真实想法。

八、要不要等孩子高考完了再离婚

在直播间不止一个网友提出这个问题，很多家庭纠结的因素都是夫妻中的一方在外面明确已经有人了，另一方在家中忍气吞声。两人之间也达成一种默契，为了孩子，维持表面的家庭关系，等孩子高考结束，再选择离婚。尽管很多连线的人都表现出了极度的痛苦和煎熬，但也表现出了大无畏，那就是能够为了孩子牺牲一切。

给我很深刻印象的是一个已经成年即将工作的孩子连线的内容。

这个孩子非常想要修复他父母的关系，他认为自己在孩童时期，还能让父母坐在一起吃饭，但是当他考入大学之后，父母反而关系破裂。虽然在他的一番努力之下，父母没有走到离婚这一步，但是他在家中能够明显感受到出隔阂和关系降到冰点之后的那种疏离。他一度因为自己的无力而抑郁，产生了深深的自我怀疑：是否是自己的错误，是否自己不应该长大，还是在这个过程中自己做错了什么，导致父母关系破裂。

父母在这个过程中，容易犯两个非常严重的错误：一是高估离婚事件对孩子的伤害，二是低估孩子对父母关系的甄别能力。

父母站在自己的角度，认为只要保持家的完整就能够给予孩子正常的成长发展空间，就能够提供给孩子安全感和必要的情感以及经济支持。在正常和睦的家庭中，这是没有问题的，父母扮演好自己的角色，通过正常的家庭生活交流提供给孩子安全感，告诉他们如何经营一份亲密关系，以身作则教会孩子如何进行行为控制和情绪管理，确保他们能够发展出健全的人格，能够顺利完成人生前期的各项任务。

但是为了孩子苦苦支撑的家庭，大多已经支离破碎，只是维持表面的家庭结构完整，整个家庭中没有交流沟通，甚至充斥着争吵和暴力，这种情况下，对孩子造成的不良影响远远大于离婚带来的影响。

孩子对家庭关系非常敏感，父母想要假装和谐很难瞒过孩子的眼睛，而家中关系的不确定性和时刻可能爆发的夫妻冲突都会让孩子处于高焦虑和恐慌的状态，虚假的关系无法创造一个安全稳定的环境供孩子健康成长。而家暴的环境更会给孩子造成童年期的创伤性经历。

一般来说，离异家庭对孩子造成创伤主要有两个方面。

第一，在分离的过程中以孩子为筹码，让孩子处在关系的撕扯中，父母在孩子面前数落对方的不是，举例子说明对方不够爱他们。在这个过程中，孩子童年期建立的安全感和亲密感会完全被破坏，猜疑、不安、焦虑将会成为他们情绪的主体。

第二，离婚后将孩子视为一种累赘。这种家庭很多见，尤其是孩子还小的时候，父母双方都将孩子视为自己新生活中的累赘，把孩子像皮球一样踢来踢去。这种情况下，孩子除了安全感和亲密关系缺失之外，还会对自己存在的意义产生怀疑和不安，很容易导致抑郁类障碍或者人格障碍。

正确处理的方式应该是明确告知孩子家里的变故，陪孩子一起适应变故带来的生活中的变化，吸收和接纳孩子出现的情绪问题，用言语和行为对孩子进行安抚和鼓励。具体做法是：明确告诉孩子，父母由于自己的原因将会离婚，以后父亲（母亲）就不能时刻陪在身边了，但是父亲（母亲）依然是爱你的，每周也会有共同相处和玩耍的时间。这个做法可以最大限度地降低离异给孩子造成的安全感的缺失。

同时父母要做到，无论如何不能在孩子面前诉说对方的不是，孩子不是成年人倾诉的对象，更加不是成年人倾倒情感垃圾的树洞。婚姻失败对成年人造成的伤害不应该由孩子去分担，作为父母，应该在这种情况下达成共识，需要更加细心谨慎地保护孩子。

不论如何，**家庭关系破裂都会给孩子造成伤害，和平分手的**

伤害会远小于不断拉扯纠缠。但是对孩子来说，稳定和谐的家庭关系才是成长的最优选择，当父母之间出现了问题，可以寻找专业人士（婚姻家庭关系咨询师）尝试解决，切勿以个人好恶以及在应激情绪下做出一些不可挽回的选择。

第五章

财务困窘：不求改变命运，但求改善生活

一天开门七件事，柴米油盐酱醋茶？

错！

一天开门七件事，钱钱钱钱钱钱钱。

对大多数普通人而言，手头紧、压力大真的是常态，钱越挣越难，花销越来越大。更气人的是，好像你身边总有挣着大钱的人。

财务问题，真的是中年人最大的问题。

本章没有财富自由的密码，但是如果你也认同不求改变命运，争取改善生活，那么这些问题，你可以往下看了。

一、每月节余 1000 元也配理财?

很多年轻朋友给我留言，说自己刚工作几年，没什么积蓄，收入不多，又想买房买车，不知道怎样才能靠投资理财早日完成这个目标。他们自己也尝试过买股票，赔得一塌糊涂，希望我能给点建议。

说实话，我也没有靠投资理财买房买车的本事，有这本事我早就去当基金经理了。但通过我这些年的亲身经历和我与金融业朋友的交流，我可以在这里给大家讲一讲年轻人理财时的常见误区，让大家以后理财少走弯路。

误区一：依靠理财能发财。

这是一个根本性的认识错误，我们理财的目的绝不是赚大钱。理财是通过将我们的资金分散在各品类的投资工具中，以赚取投资收益。目前普通老百姓能接触到的正规金融产品，年化收益率达到 8%~10% 就已经是非常了不起的成绩了，投入一万块，年底能变成一万一。虽然这个战绩已经很不错了，但与靠理财买房、买车的梦想相差甚远。所以我们在理财前，首先要树立一个观念——理财的目的是对抗通货膨胀，保持货币的购买力，在超出通货膨胀之外的收益，都应算作意外之喜。树立了“理财不发财”这个观念，我们足以对抗过分追求高收益的贪念，要知道绝大部分的投资重大损失都源自对高收益的贪念。

误区二：照这么说，一年才赚 8%，有什么意义呢？我还不如拿着钱吃点喝点呢！

巴菲特曾在一次访谈时被问及，为什么没有其他人能够像他一样投资致富，巴菲特说：“因为世界上没有人愿意慢慢变富。”不能接受慢慢变富，是散户最典型的心态，大家幻想着通过投资一夜暴富，觉得每年 8%~10% 的收益来得太慢了。

我想告诉大家的是，投资最棒的武器不在于你投资的眼光多独到，还是投资的模型有多精密，投资最棒的武器是时间。在投资中，时间代表着复利，所谓复利就是将你投资所获得的收益重复进行投资，也就是我们通常说的“利滚利”。只要时间线足够长，你会发现复利的威力超出你的想象。

在过去的 20 年里，A 股的股票基金年化收益率大概在 13%。如果你在过去的 20 年里，坚持按照基金定投的方式每月投资 2000 元，到今天你拥有的总资产将达到 200 万元。

当以足够长的时间维度去观察股票、基金时，你会发现很多当时被认为是世界末日般的大跌，在10年周期的收益走势中，只是一个小小的震荡。做投资最大的敌人就是短期套利的心态，恨不能今天投进去下个月就提车。我在这里奉劝大家，在投资的世界里，做时间的朋友，持之以恒，慢慢变富。

误区三：我每个月刨去房租、生活开销，也就剩下一千块钱了。这点钱投进去，每年赚个几百块，够干吗的呢？还不如及时享乐吃两顿好的。

这种心态在刚走入职场的朋友中不在少数，大家觉得这么点钱就算投进去翻了一倍也不够干什么用的。的确，几千块本金带来的收益可能连吃顿饭都不够，但请大家不要忘了上一条建议——做时间的朋友。长期投资是漫长的过程，所有的微不足道都会随着时间线的推移变得重要。我建议这些朋友千万不要因为本金少就放弃投资，随着你工作年限的增加，你的收入也会慢慢增加，每个月、每年的投资在某种程度上也是强制储蓄，年轻人经常控制不住自己买买买的情绪，强制储蓄习惯的养成会让你在未来感谢今天的自己。

误区四：反正基金也是买股票，我自己买不就行了？我水平也很高，经常看新闻搞研究，没必要给基金经理送管理费。

熟悉我的朋友都知道，我经常劝没有经过专业学习的散户，不要亲自下场，投资基金比亲自下场操作收益更为稳健。可惜自命不凡的朋友太多，很多都碰得头破血流才知道良言相劝的好。

我再和各位剖析一下，为什么投资基金比自己直接炒股更好。

首先是基金公司在信息获取方面的高度优势。金融市场是信息充分对称的市场，因此当散户无法获取充分的信息时，通常就会做出错误的投资决策。基金公司有着非常细致的分工，从行业研究、政策研究到风险控制，都接受过多年的金融知识学习，他们对市场的敏锐度、把控度远非一般散户能比。同时基金公司的团队每天全部精力都用于对市场的研究，其专注度也非一般散户可比。这就是为什么机构一直在赚钱，而散户一直在亏钱。由专业的人做专业的事，是颠扑不破的真理。

其次是基金有利于分散投资。我们都知道鸡蛋永远不要放在一个篮子里，但这句话说起来容易做起来是很难的。同时买入3~5只股票，你还能保持较高的精神集中度去观察每只股票的日常动态及相关信息，但如果是同时持有10只、20只甚至50只股票呢？你还能有足够的精力关注每一只股票的动态吗？这显然是非常难做到的，因此散户的分散投资往往很难足够分散。但投资基金就不会存在这个问题，一只基金的持仓股票通常少则十几只，多则上百只，你只需要选取2~3只基金进行投资，底层的股票资产会覆盖到近百只股票，并且日常盯盘工作还由基金经理来完成，在很大程度上会对冲掉个股的波动风险。

最后是基金的投资门槛足够低。

市面上绝大部分基金100元就可以进行起投，某些互联网产品 10 元就能投，典型的花小钱办大事。比如王三金近期看好白酒行情，想买某只白酒龙头股。但一看行情要 2000 块一股，如果想买入，最低也要 100 股 ×2000 元 =20 万元。王三金一个月攒不到 2000 块钱，这样算下来买一手白酒龙头股要不吃不喝十年才行，这不是断了自己的财路吗？但如果王三金转变一下思路，买白酒题材的基金，只要该基金配置了这只股票，王三金就能以 100 元的价格享受到很多只白酒股票上涨的红利，多买多得。

希望误区避雷指南能对大家有所帮助，早日成为成熟的投资人。

二、你能承受什么样的风险

最近有好几个朋友问我关于40岁如何提前退休的问题，他们要么是做生意大赚一笔，要么是踩对了某个投资行情，但都无一例外地有着令人羡慕的人生——三十几岁、儿女双全、资产千万、享受生活。大家有了一笔不菲的财富，纷纷想着脱离老板的压榨，希望提前退休享受人生。但也都有着同一个疑问：想要依靠这些钱完成养老使命，理财是必不可少的，但市面上理财产品众多，股票、基金、信托、期货、保险、私募，傻傻分不清楚，究竟要怎样配置资产呢？

我不向大家推荐理财产品，而是希望帮助大家树立一个理财观念，在令人眼花缭乱的理财产品中，如何分配财产才是科学的。

为弄清这个问题，我们需要明确两个概念：你的风险承受能力是怎样的？不同的理财产品又对应怎样的风险程度？

什么是风险承受能力？直白地讲，就是你用于理财的资金，当本金损失超过多少时，会影响你的正常生活。风险承受能力因人而异，它取决于你的现金流状况、刚性负债、家庭开销等。当现金流入很好时，风险承受能力就会相应增加。

比如王三金是上市公司高管，年薪百万，风险承受能力就强，投资的本金损失大半都不会影响他的生活，因为每个月都有源源不断的工资到账；李大柱是个退休工人，就靠退休工资生活，他的风险承受能力极低，甚至不能承受一点的本金损失，否则养老都成问题；同样，一人吃饱全家不饿的单身汉，风险承受能力就要比老婆下岗、孩子上学的中年男人更强，因为他的刚性支出更少。

此外，除了客观存在的风险承受能力，我们往往也要考虑主观的风险承受意愿，葛朗台和孟尝君的主观风险承受意愿显然也是天差地别。

如何判断理财产品的风险呢？

按照金融监管部门的规定，理财产品的风险由低到高分为R1至R5五个等级，R1产品几乎是零风险的，以国家信用作为背书，如国债、银行存款；R2产品风险极低，以银行信用作为背书，只要银行不倒闭，你的钱大概率不会损失，这类产品以银行活期理财、货币基金为主；R3产品是目前银行销售最多也是最常见的产品，以债券、同业存款为主，配以少部分股票，这类产品通常情况下如果银行不想自砸招牌，大概率也不会亏损（只是大概率！我可不做任何保证）；R4产品一般是普通人能接触到的相对较为激进的产品了，以高风险高收益著称，信托、私募基金、股票基金都属于这一类，这类产品会不会亏、亏多少基本就是看运气了；R5 产品一般都是加了杠杆的衍生品，属于“输了下地干活，赢了环游全国”类型，一般人很难接触到，非专业玩家切勿尝试。

我把理财资产划分为三部分：看家部分、改善部分、搏一搏部分。

看家部分是生活的基本盘，它保证你在最糟糕的情况下依然可以维持生活的运转。看家部分理财只能投资 R1、R2 级别的产品，通常情况下我建议大家看家部分占总资产的比例不低于 50%，也就是说至少要留一半的积蓄存在银行或者购买国债这种随时能够变现的产品。

改善部分能让你赚一些小钱，改善生活质量，但不可能改变你的生活，更不可能一夜暴富。改善部分理财可以投资 R3 级别产品，我建议可以用不高于资产 30% 的部分，购买货币基金、银行理财等产品，没事赚个饭钱，顺便对抗一下日益高涨的物价。

搏一搏部分是典型的高风险高收益，这一部分理财用于为我们的美好生活提供想象空间，可以购买 R4 级别的理财产品。要注意，除非各位读者经历过系统专业的金融培训，拥有丰富的金融投资知识，否则我不建议任何读者购买 R5 级别的产品，杠杆金融产品的波动远超你的想象。搏一搏部分通常不超过资产的 20%，大家也可以跟随金融市场的波动，体验一次心跳的感觉。

上面的理财配置，是我对一个三口之家、夫妻拥有稳定工作、上有老下有小的家庭资产配置的基本建议。大家可以根据自己的实际情况略做调整，如果风险承受力低，可以把看家部分、改善部分的比例略做提高；反之，则可以把搏一搏部分比例提高，但变动幅度不宜超过20%。

对了，最最重要的，不管买什么样的理财产品，一定要认准正规金融机构，拒绝一切没有销售资质的机构。如果无法判断，通常银行、证券公司、保险公司、信托公司等受中国人民银行、中国银保监会、中国证监会监管的持牌金融机构是稳妥的选择。

还有，除了国债和50万元以下的银行存款，永远不要相信任何人以任何形式向你保证的“保本/保收益”。祝大家通通发大财。

三、不贪心就不受骗

我的朋友王三金碰到件大好事，他原本在股市损失惨重，每天看着持仓列表都吃不下饭，体重骤减至200斤。但这两天他的朋友舒总神秘兮兮地告诉他，自己有个独家渠道，是一个股票“大神”的股票VIP交流群，大神会不定期地在群里推荐一些股票，被大神推荐的股票都会大涨，自己已经跟着大神挣了不少钱了。当初进群是花了“大代价”的，现在看王三金每天炒股亏得龇牙咧嘴，舒总心生怜悯，打算把王三金也拉进VIP交流群。王三金大喜，跑来告诉我等他和大神混熟了，也把我拉进去。

各位，幸亏王三金提前告诉了我，不然他就真要损失惨重了，体重怕是能直逼150斤。因为这种所谓的股票VIP交流群、大神带飞群，百分百都是骗子。最终目的都是通过眼花缭乱的操作骗取你的信任，甚至让你赚点小钱尝点甜头，然后镰刀一挥，韭菜割起。

我也曾经被人拉到过这种群里，据我观察这类群的套路有两大类，我称之为“镰刀门”和“接盘门”，这两个门派虽套路不同，但万流归宗，瞄准的都是各位的钱包。今天就和大家分享一下他们的惯用套路，大家务必提高警惕。

“镰刀门”的特点是，一上来先要给韭菜营造出非常专业、靠谱的印象，经过短则半个月，长则几个月的渗透培养，与韭菜建立较强的信任关系，最后看准时机镰刀落下。进入“镰刀门”群后，群里都会有一位导师，导师通常在资本市场中搏杀的战绩斐然，资源众多。导师会以高度敬业的精神，996 的干劲，不断向大家讲述炒股的相关知识，而且知识一般都很高深，理论也都较为正确，比如如何控制仓位、如何看懂技术面分析等。这会让你产生一种错觉，好像群内导师真的就是不求回报只为传授知识的辛勤园丁。同时群里会有很多骗子的托儿，托儿们会经常在群里晒出自己的战绩，可能是股票的持仓收益截图，可能是自己新买的一辆豪车，再配上对导师如绵绵江水滔滔不绝的感激之情：“感谢导师！这一个月的收益已经超过我半年的工资了！”“终于在 40 岁前实现了我开法拉利的梦想！谢谢导师！”目的是潜移默化地向你传递一个信息，听了导师的话，发财简直太容易。

事实上，即使你一直奉导师的话为金玉良言，大概率你这时候依然还没赚钱（能赚钱才有鬼，能赚钱导师早就享受生活去了，还能在这叭叭地给你上课吗）。与你惨淡战绩形成鲜明对比的是群里托儿们的高歌猛进，于是你越发着急，开始怀疑自己是不是没有真正领悟导师的精髓，是不是自己天资愚钝。再过一阵子，你的焦虑达到巅峰时，导师的镰刀就要出手了。

导师会在这时抛出一个所谓的“项目”或者“私募基金份额”，跟大家说：“人无股权不富，马无夜草不肥，天天搞这种个位数涨幅的股票，实在是来得太慢了。我这里现在有个项目不对外，是个不可多得的股权投资机会，现在还有极少的一些份额可以投资。最近和群里的学员们交流有缘，就问问有没有要投资的，导师愿意分享这一发财机会。”

托儿们此时会积极抢购，造成一票难求的局面，就等你入局了。如果你这时头脑一热，跟着导师投资了所谓的“项目”，那么你就已经成为导师的刀下韭菜。“项目”的全部资产可能只有那几页 PPT，你花了高价投资的股权，只是一串工商登记簿上的数字，连废纸都算不上，你永远也等不到“项目”退出。

严格意义上说，“镰刀门”的套路是诈骗，但在现实中骗子让你投资的项目通常都是真实存在的，投资的股权也真正登记到了你的名下，因此警方取证时往往都有较大的困难。大家一定要提高警惕，凡是让你投资所谓高大上、肯定赚大钱的项目，无一例外都是骗子。

说完“镰刀门”，再来聊聊“接盘门”。“接盘门”的特点在于，进群第一天导师就让你心悦诚服，不知不觉当了接盘侠。通常导师会在某一天收盘后，让大家明天关注某只股票。第二天一开盘，在集合竞价阶段该股票就会直接涨停，之后封住涨停板 1~2 天，无法买入。因为导师放出消息时已经收盘，第二天开盘又涨停无法买入，所以你并没有在导师的精准消息下赚到钱。但导师又的确提前一天预测到了涨停的股票，而且不止一次，这令你心悦诚服。终于在某一天，导师在还没有收盘的时候就告知了第二天重点关注的股票，你大为欣喜，趁着股票还没涨赶快大笔买入，割肉也要买入，然后美滋滋地等着几个涨停，赚钱吃大餐。

但第二天一开盘，股票并没有应声而涨，反而出现了小幅下跌。对此导师会解释说因为大盘不好、资金面不好、利好消息未释放等，劝你再耐心等一等，况且导师的判断也不能保证每次都这么准确。你想想也是，毕竟导师之前那么多次弹无虚发，偶尔的失手也能理解。此后，导师会再提供几次准确的大涨消息，当然了，还是在收盘之后告诉你的，你依然赚不到钱。然后再一次在交易时间告知重点关注股票，你再次买入后，大概率导师就会从这个群里消失了，你终于失去了导师，在茫茫人海中。从此，你的持仓里就多了两只被牢牢套住的，常年半死不活的股票。

“接盘门”是典型的庄家利用各类消息，忽悠散户买入，达到自己“拉高出货”的目的。通常群内的导师都是庄家的传声筒，庄家利用自己的资金优势，操控某只市值较低的股票。在庄家准备拉升时，提前一天通过导师散播消息，第二天开盘就拉到涨停，让韭菜认为导师有足够精准的内幕消息。反复几次后，取得韭菜的信任，在庄家准备“拉高出货”时，引导韭菜买入，达到高价接盘、掩护庄家的目的。等到庄家货出完了，你也被套住了，导师也不见了。只可怜你拿导师当财神，导师却把你当韭菜。

现在骗子的套路也在不断更新迭代，紧随时代推出了特殊通道玩法、做空玩法，但万变不离其宗，都是通过在群内取得你的信任，进而让你购买各种各样的产品，镰刀割韭菜。希望大家在投资股票时一定提高警惕，不要被短暂的亏损冲昏头脑，遇到这种铁了心要带你发财的导师时，不妨想一想，这么赚钱的套路，为啥这么好心告诉你呢？

不贪心就不会受骗，希望大家股票业绩长红。

四、你的“主动操作”，跑不赢“被动增长”

直播的时候经常有观众和我开玩笑，问我：“储老师，你想发财吗？想发财的话你就按照我的操作反向进行，我买你卖，我卖你买，一定能发财。因为我所有的操作都完美避开了赚钱，我买它跌，我卖它涨。”

可能我们的证券监管部门担心这样发财的人太多了，所以至今不推出做空机制，我们也无法从股票的下跌中赚到钱，开个玩笑。虽然这些观众的说法流露出些许心酸，但代表了相当部分散户股民发自内心的疑问，那就是：为什么我一操作股票就亏钱？

这个问题背后的原因很复杂，我今天挑选关键的一条和大家分享——你对股票的主动操作，不出意外是跑不赢指数的被动增长的，而且越操作越亏损。

2008 年全球金融危机时，巴菲特曾与华尔街声名显赫的对冲基金立下了一个 100 万元的赌约，巴菲特相信主动投资是无法战胜被动投资的，没有任何一只对冲基金能在未来的10年内，收益率超过标准普尔500指数。（所谓主动投资即主动选股、配置仓位，被动投资即按照大盘指数构成被动选择股票及仓位。）

这是违背正常认知的，要知道投资对冲基金的门槛动辄上百万美元，有着常人难以理解的复杂投资策略、数学模型，投资经理都是师出名门的华尔街精英，每年收取数百万元的基金管理费，拿着天文数字的薪水。而标准普尔500指数只是再普通不过的大盘指数（类似于A股的上证指数、深证指数），任何一个普通股民都可以按照指数公开的成分股自行购买，没有任何技术含量，懒一点的人还可以直接购买指数型基金（只收取低廉的管理费）。

这场对决怎么看都是一场机关枪对红缨枪的战斗，大盘指数似乎在华尔街精英面前毫无胜算。但结果令人大跌眼镜，10年过去了，巴菲特的标准普尔500指数收益率达到了63%，而基金经理们精选的对冲基金只有可怜的19%（即便将管理费部分列入收益，收益率也只有44%）。

事后经济学家们认为出现这样的结果原因是多样的，包括被动投资消散掉了大量非系统性风险、对冲基金高额的管理费及奖金蚕食了收益、美国在这10年当中的经济增长领先全球，等等。

赌约之后，大量的股票基金转向了指数型基金，巴菲特的这种理念也被很多人戏称为“被动投资大法”。总而言之，指数的波动，某种意义上会随着国家经济的增长出现稳定的上涨，指数投资很难让你的收益达到最大化，但通常不是最糟糕的选择。

希望通过这个故事告诉大家，当你亲身投入股票的操作当中时，你的选股策略、心态把控、仓位控制、止损都将受到多种因素的干扰，训练有素的华尔街投资经理们尚且无法战胜被动投资，我们一介散户又何谈战胜市场呢？

正所谓“一顿操作猛如虎，一看收益竟是负”，我不是让大家不去操作股票，而是希望大家能从这个故事里吸取经验，在控制不住自己的手、想要一顿操作时，不妨想想巴菲特的赌约，不妨拿出一部分股票资金进行被动投资，也许会有你意想不到的结果。

五、选基金别只看“近七日年化收益率”

最近两年，基金出圈了。原本是在股民和投资者之间的理财工具，近些年随着互联网渠道的普及，变成了炙手可热的明星产品，全民基民的时代似乎一夜之间就到来了，年轻人将基金经理明星化，当作偶像一般追捧。但在这样的基金热潮中，我发现很多年轻人完全不懂基金是什么，货币基金、股票基金、混合基金傻傻分不清楚，在挑选基金时也只关注“近七日年化收益率”，无脑买高的。这些都不是理性投资的表现，牛市时无脑买入，熊市时恐慌撤退，一地鸡毛，必定损失惨重。

今天就和大家科普一些基金的基本常识，掌握这些知识，不一定会让你赚大钱，但至少在买基金时能让你买得明白，心中有数。

问题1：基金都有哪些？区别是什么？

目前市场上的基金分为三大类，货币基金、债券基金、股票基金。此外还有混合型基金，就是按照一定比例将某几种基金进行混合，本质还是这三类基金。

货币基金是我们平时接触最多的基金，大家熟知的余额宝就是这类。货币基金的官方定义是投资货币金融工具的基金。这样说可能过于晦涩难懂了，我给大家解释一下。银行等金融机构之间有一个内部市场，他们之间互相借钱，拆兑资金。因为大家都不差钱儿，又是自己人，所以内部市场借钱的利率会比外面高一些，可靠性、安全性也有保障。

但我们作为普通散户，是没资格参入到内部市场来的。这时候就有一个内部市场的参与机构出来，和大家说，既然大家都想来内部市场赚点钱，不如把钱都交给我管理，我有内部市场的入场券，我替大家投资，赚了钱咱们按比例分成不就好了嘛。这个跳出来替大家管钱的人，就是货币基金。普通投资人通过认购货币基金，间接地参与到银行间的市场来，获得比银行存款更高的收益。

债券基金，顾名思义，是主要投资债券的工具。普通投资者接触债券的机会并不多，国债应该是我们少有能够直接购买的债券了，其余大部分债券并不对散户开放，只有机构投资人才有机会购买。债券盈利模式很简单，发债主体（可能是国家、政府、企业）向大家借一笔钱，给你一张债券作为凭证，到期连本带息进行还款。因为不同的发债主体，信用水平不一样（把钱借给国家和把钱借给你们家楼下卖臭豆腐的，你的放心程度天差地别），因此让你“不太放心”的这类借款人，付出的利息就会更高一些。债券基金通过投资不同级别的债券，获取收益。总体而言，能够获得公开发债资格的主体（是的，你没有看错，在我国的市场上公开发债是要经过审核的，是要有资格的）通常都不会太差，基本上都是可以到期还本付息的。因此债券基金也被称为固定收益基金，顾名思义，债券基金走的就是低风险、低收益的路子。

股票基金应当是这一轮基金热潮中最受追捧的了，圈粉无数的明星基金经理大部分都是股票基金经理。股票基金很好理解，主要的资金都投资股票，与股市的表现高度相关，一荣俱荣一损俱损。

问题 2：基金应当怎么选？

很多朋友选择基金时只看“近七日年化收益率”这个指标，只选最高的买，仿佛这个指标买得高，未来赚钱也格外多。其实这是非常片面的筛选方式，“近七日年化收益率”只能代表上个星期各基金的表现，市场的短暂波动很有可能让一只上周还高居榜首的基金直接亏损。

无脑挑选基金很有可能让你在牛市时反而出现亏损，因此正确的方法是综合考虑历史业绩、基金价格、基金公司、基金经理等多种因素，形成自己的判断。比如观察基金的历史最大回撤、研究基金公司的投研团队、研究基金经理的历史业绩，等等。

但有些朋友可能会诉苦：“储老师，我每天上班搬砖已经很辛苦了，哪还有工夫去研究这些东西啊。”对这样的朋友我还有个懒人办法，大家可以去看市场上的知名机构为基金或基金经理进行的排名，他们会将基金在过去很长一段时间的表现进行综合评判，最终形成排行榜。比如业内较为知名的金牛奖、晨星基金排名等，都是较为权威的排行榜，大家实在不知道怎么选的话，拿来主义也是不错的选择。

问题3：基金应当怎么买?

有很多朋友，明明选中了一只优秀的基金，基金也赚钱了，但自己亏损了。这种基金赚钱你亏钱的现象其实并不少见，重要的原因就是：你拿不住。

大部分基金小白，都是刚进入社会的年轻人，积蓄不多，投资的也都是血汗钱。他们对资本市场完全没有清楚的认知，对市场的波动心理承受力很低，股市出现几个大跌行情，瞬间就觉得大熊市要来了，赶快匆忙撤退。结果就是市场的短期波动把你洗牌出局，后面的长期收益没吃到不说，还赔了手续费和管理费。因此我建议大家，基金尽量还是长期持有，在过去的10年中，股票型基金的复合年化收益率达到了13%，只要能够长期持有，大概率还是会有所收获的。

如何做到长期持有？我给大家的建议就是基金定投。所谓基金定投就是每个月拿出固定金额的资金，投入基金中去，金额可以根据自己的经济状况选择，经济状况一般的，每个月定投几百块也有效果。这样做有几个好处，第一是通过不断的长期投资，让你的基金持有成本趋于一个较低的稳定价格，在一定程度避开了高价买入基金的风险。第二是通过长期投资，形成长周期资金，让你能够忍受更大的短期盈亏波动。第三是有助于培养大家理性投资的心态，定投习惯形成后，基金的上涨下跌都不会影响你的心态，基金上涨我们赚钱，基金下跌可以通过定投换取更多的份额，从长周期的投资中获得更高的收益。

买基金的知识还有很多，今天作为理财启蒙，向大家进行最简单的概念普及，希望能在大家的“选基”过程中有所帮助。

六、年轻人用不用买保险

目前的常见理财产品中，保险应该算是“最复杂”之一了。我记得刚毕业的时候，保险还是简单粗暴的。买了保险之后只要是生病或者身故，就按照约定进行赔付。从十几年前开始，保险的产品花样越来越多，有的时候稀里糊涂交了很多年的钱，都不知道在保什么。大病险和重疾险有什么区别？年金险和分红险又有什么区别？到底应该买储蓄型还是返还型抑或是消费型？

今天我们就来聊聊，年轻人到底怎么选保险。

在我们国家，保险分为两大类，保障生命健康的叫作人身保险，保障财产安全的叫作财产保险，我们今天主要和大家探讨的是怎么选人身保险。

人身保险又能进一步分为人寿保险、年金保险、分红保险、万能保险、健康保险、意外保险等，在探讨怎么选保险之前，我们应当先思考一个问题：保险的意义是什么？

保险起源于海上货运，演变到今天，其内核可以用一句中国的古话概括——人人为我，我为人人。我们在平时没有风险时，将一部分资金投放到保险公司，让有需要的人使用，万一我们遭遇疾病等风险，也可以从保险公司获得补偿，这就是保险的本质。

不知道大家有没有发现，保险的核心意义在于“保障”，保障你未来可能发生的风险。保障是保险的本质，建立在保障之上的投资、分红、返还都是保险的附加属性。举个例子，某返还型保险打着“有病赔付，没病退钱”的口号，称只要购买此保险，到一定年龄未出险的话，可获得退款加分红。当然，因为没病还能退钱，所以价格比单纯保障型保险要贵一倍左右。事实上如果大家稍加计算就会发现，所谓的退款加分红，年化收益率约在3%，相当于你以3%的利息存了一笔定期存款，中途还不能取，这显然是不划算的。所以我对买保险的原则是，如果你追求性价比，那么只买保障型保险，倒霉了获得赔付，不出险就当花钱买平安，在保障之上的附加价值，我们都可以通过投资其他金融产品获得更高的性价比。

保障型保险都有什么，适合什么样的人购买？

第一种：人寿保险。

人寿保险产品模式最为直截了当——死了赔，这是保险最原始的形态，也是我推荐大家优先考虑购买的保险产品，尤其是对家庭的经济支柱来说。我周围很多朋友都是家庭的经济支柱，对家庭收入的贡献超过80%。对这类人，他们的突然离世将对家庭产生重大的影响，配偶、子女的生活极易陷入困境，因此购买人寿保险是非常适合也是很有必要的。

寿险分为两大类，定期寿险和终身寿险，区别在于定期寿险会约定年龄期限，如60岁、70岁等，在此之前投保人身故的，保险进行赔付，超过这个年龄依然健在的不予赔付，缺点是如果投保人长寿，钱就白交，优点是价格相对便宜。终身寿险不约定期限，只要投保人身故就赔付，优点是钱肯定不白交，缺点是价格相对贵。如果经济状况允许，我建议考虑终身寿险。

第二种：健康保险。

健康保险主要包括大病险、重疾险。二者都是在投保人出现重大疾病时进行赔付，区别在于大病险是报销性质，出现重大疾病的治疗费用报销，重疾险是赔偿性质，出现重大疾病无论是否治疗，一次性赔付。通常在同样的保费下，大病险的赔付额度会略高于重疾险。

这两类保险我建议年轻人也购买。以恶性肿瘤为例，近年来年轻人中恶性肿瘤发病率越来越高，肿瘤的诸多靶向药物都不在医保报销名录内，且价格昂贵，一旦出现恶性肿瘤又没有商业保险，极可能出现因病致贫的情况。

在选购时，大家应注意保险公司对重症、轻症的定义，一般来说对重症的定义没有太大差异，但对轻症的定义多有不同，比如中风是否赔付、微创介入手术是否赔付，等等。大家在选购时应尽量选择轻症涵盖范围广的保险产品。

第三种：意外险。

意外险是指在保险期间出现了意外事故导致伤残而进行赔付的保险。意外险的购买因人而异，出差较多、户外活动较多的朋友可以购买。意外险价格通常也比较便宜，一年两三百块，如果是风险承受力比较低的朋友也可以购买。

购买意外险需要注意两点，第一是尽量购买短期意外险，这样保费较低，性价比高。第二是尽量购买涵盖范围广的意外险，航空意外险就是典型的反例，虽然保费很便宜，二三十块钱保两个小时，但因为保障范围太小，意外概率又太低，航空意外险基本可以算作保险公司的纯收入，我也不建议大家购买。

总之，购买保险时希望大家能够牢记原则，每种金融产品都有它的使命，保险就是买倒霉的，保障型保险有着最高的性价比。

七、房价涨成这样，还能买吗

我们来聊个网友问得最多的问题："储老师，现在还能买房吗？我住在A省B市，我们这里房价还会涨吗？"很多时候因为直播平台的限制，我无法在直播中谈论太多房地产的话题，今天在这里给出一个我的看法：基于本书成书时的宏观经济环境及政策判断，我认为，从中长期来看，房地产领域的投资机会已经非常小了，未来很长一段时间，房地产都会处于供大于求的状态。

在这样的大背景下，我们应当如何应对？如果是对房屋有刚需的年轻人，又应当如何选择呢？我不对某个具体城市进行分析，只是希望在这里能够让大家掌握判断房价中长期走势的思路，举一反三进行思考。

我们经常会讲，房价短期看政策，中期看经济，长期看人口。在过去的十几年间，我们经历了中国房地产的黄金年代，这是前所未有的，同样在后世也很难复制。之所以这么说，是因为我国的城镇化正在接近尾声，同时人口老龄化的趋势愈发严重，这两个现象都是在短期之内不可逆的，它们将直接影响到房价的走势。

房地产的价格上涨主要集中在 2008 年及 2015 年，在这期间按照国家统计局的口径，我国城镇人口增长数量超过了 2 亿，保守按照人均居住面积 30 平方米计算，城镇化的进程至少带动了 60 亿平方米的新增住宅面积。又得益于我国在这期间积极的货币政策，大量资金进入房地产行业，成了我国地产黄金十年的重要原因。但时至今日，我国城镇化率已经达到 63%，超过了世界平均水平，沿海地区的城镇化率甚至达到了发达国家水平。这样的背景下，房地产市场最重要的刚性需求大量减少，房价的增长必然缺乏支撑。

在谈人口老龄化之前，我们先思考一个问题：农村的老人去世后，年轻人往往离开农村搬到城里，那么农村居住了几十年的破旧房屋能否卖掉（或出租掉）？哪怕低价处理也能回点血嘛。

相信很多朋友听到我这番言论都会嗤之以鼻，“储老师，拜托你搞清楚好不好，农村那破房子冬天漏风夏天漏雨，白给都没人要，我还卖？卖给你，你买呀？”

这就是我希望各位能够理解的，城市内商品房和农村的破土房本质上没有区别，它们都会随着时间的推移，变得破旧，最终失去居住价值。只是因为城市内高层住宅钢筋混凝土的结构，能够比农村土房坚持得更久一些。但只要时间足够长，高层住宅一样会变得破旧，且修缮或重建成本极高，几乎是难以完成的。

在这样的情况下，随着老龄化的加剧，城市内空置的、高龄的房屋会越来越多，它们的居住价值变得越来越低。

1949 年以后的三次婴儿潮，最后一次婴儿潮出现在 20 世纪 90 年代，今天他们基本都到了适婚年龄，这是中国房地产刚需群体最后的倔强。而 2021 年我国 60 岁以上老年人口已经达到 18%，这个数字还在以每年 3%~5% 的速度增加。在购房群体不断减少、老龄化人口不断增加的现状下（这意味着离世老年人数量增速加快，大量房屋将空置），供大于求难以避免。影响地产走势的还包括货币政策、经济转型、人民币汇率等，为便于各位读者理解，我们今天只讨论和我们生活息息相关的因素，其他后续有机会再做讨论。

理解了房地产中长期的走势，我们现在应当如何配置房产资产呢？我给大家两个建议。

第一，靠炒房、囤房发家致富的时代必定一去不复返了，未来各城市房价都会出现一定的疲软，一线城市小幅震荡，五线城市搞不好就要剧烈波动了。不建议大家依靠投资房产实现资产升值，风险太大。

第二，如果是刚需、改善型需求，可以购房，但一定要避免购买价格虚高的房屋，尽可能让房屋回归居住本质。什么叫房屋价格虚高？房屋的本质属性是居住，凡是能够影响居住品质的因素，都会影响房屋价格，比如交通便利性、小区环境、面积、朝向等，更好的居住品质对应更高的价格，这是没问题的。但现在市场上有很多房子，被人为赋予了很多居住品质以外的价格因素，比如学区、未来区域政策的规划，这些因素与房屋本身无关，且高度依赖外部政策，一旦有政策性的变化，价格下跌首当其冲的就是这些高溢价房屋。大家可以看看北京、上海的学区房，政策稍有风吹草动，价格就如同过山车。这样的房屋我是不推荐大家作为刚需购买的，风险太高。

总之，希望大家在购买房产时永远把握一个原则——房子是用来住的。靠房子一夜暴富的时代一去不复返，永远不要脱离房屋的本质投资房产。

第六章

法律困局：不被坏人欺负，不让好人吃亏

普通人离法律很远，每次看到新闻里的各种纠纷案件，你总会觉得这都什么人啊！

普通人离法律很近，行业不景气被逼离职了，被性骚扰了，孩子遭到霸凌了，别人欠钱不还了，事到临头你不找法律，法律来找你。怎么办？

法律是防身术，官司可以不打，功夫不能不会。不指望你成为一个精通法律的大律师，专业的事情当然还是交给专业的人办，但是有一些必须了解的法律常识，我们还是要了解。为了不被坏人欺负，为了不让好人吃亏。

这个章节可能会涉及很多陌生的法律条文，我补充了相关注释。希望你永远用不到，同时我也希望，在你需要时，这些故事能帮到你。

一、职场性骚扰离我们并不遥远

职场性骚扰、职场性犯罪已成为当下舆论的热点话题之一，娱乐明星、知名人士被卷入其中的情况并不鲜见。作为普通人，我们总以为它们离我们很远，但是它们一直是阳光下的阴影，可能就在我们身边。

美国“停止街头骚扰”组织、加州大学圣地亚哥分校等多家机构联合研究指出，81％的美国女性称在一生中经历过某种形式的性骚扰或性侵犯。联合国网站 2019 年 11 月 24 日引用联合国妇女署数据指出，近 1/4 的美国女大学生表示曾遭到过性侵或性骚扰。美国著名的反性暴力的组织 RAINN 调查显示，1000 例强奸犯罪的背后，仅有 310 例报案，57 例抓捕，11 例被检察官起诉，7 例按重罪定罪，只有 6 例强奸犯最终被关监禁。

不止女性是性骚扰的受害者。早在 2000 年，《深圳周刊》做出的 600 份关于性骚扰的问卷调查显示，62% 的被调查者表示曾受过不同形式的性骚扰，其中女性 43%、男性 19%。男性往往出于舆论压力、强烈的自尊心等，对性骚扰事件闭口不谈，然而沉默只会让施害者更嚣张。

职场之所以成为性骚扰的高危地区，其根源在于，职场是一个权力机构，侵犯者多出于自身的权力地位或资源诱惑，对职场劣势地位人进行边界试探。正如奥斯卡·王尔德所说："Everything is about sex, except sex itself. Actually, sex is about power."[①]一部分在某些领域身居高位的不法之徒，有着变态的权力满足欲。

威胁很普遍，尤其是在职场，我们该怎么办？

反对职场性霸凌，首先要明白性骚扰、性犯罪这些概念的界限。

第一类是不进行身体接触的软骚扰，常见于以下流语言挑逗、讲黄色笑话或色情内容、发送黄色图片或视频、偷窥偷录、露阴等。第二类是强行发生身体接触的硬侵害，包括拥抱、亲吻、拉扯等猥亵行为，甚至性侵行为。

我国法律对不同程度的行为有着立体的法律规定，主要分为民事责任、行政处罚和刑事处罚三个层面。

民事层面，"性骚扰"一词最早出现在《中华人民共和国妇女权益保障法》中，只是通过宣示性的规定禁止对妇女性骚扰。一来没有禁止骚扰男性，二来没有设置处罚条款。性骚扰一度在

① 译文：所有事情都关乎性，除了性本身。事实上，性关乎的是权力。

法院立案都没有合适的案由①。直到 2018 年 12 月 12 日，最高人民法院发布了《关于增加民事案件案由的通知》，将“性骚扰责任纠纷”列为新增案由。

2021 年 1 月 1 日实施的《民法典》，正式规定了性骚扰侵权条款。首先通过列举的方式明确了言语、文字、图像、肢体行为等方式都是性骚扰的行为样态②，其次明确了被害人可以要求被告人承担精神损害抚慰金等赔偿责任，最后给单位施加了合理预防、受理投诉、调查取证的法定义务。如果单位没有实现上述义务即存在过错，也应该承担赔偿责任。

要明确的是，民事责任和行政处罚、刑事处罚是阶梯关系，行为“上一个台阶”，认定就“上一个档次”，处罚也就“加一记重拳”。

民事责任和其他两种责任之间是不相矛盾的，钱得赔，然后该拘留的拘留，该判刑的判刑。那么什么程度的越界行为需要承担民事责任呢？刘某与徐某等性骚扰损害责任纠纷一案是 2019 年的著名案件，其中认定刘某的拥抱行为构成性骚扰，被害人受“ME TOO”运动的鼓舞，在三年后鼓起勇气起诉，最终胜诉。所以平时不鲜见地抱一下，甚至讲黄段子、发色情表情等行为，

---

① 人民法院对诉讼案件所涉及的法律关系的性质进行概括后形成的案件名称。

②《中华人民共和国民法典》第一千零一十条规定：违背他人意愿，以言语、文字、图像、肢体行为等方式对他人实施性骚扰的，受害人有权依法请求行为人承担民事责任。机关、企业、学校等单位应当采取合理的预防、受理投诉、调查处置等措施，防止和制止利用职权、从属关系等实施性骚扰。

已经不仅是所谓的“油腻”和无礼，是彻彻底底的违法行为，应该承担民事责任和随之而来的“社会性死亡”的后果。

行政处罚层面，我国《治安管理处罚法》规定了对猥亵行为的处罚，软骚扰一般构不成（偷窥偷录、露阴除外）行政处罚意义上的猥亵。行政处罚意义上的猥亵指的是行为严重程度没有达到刑事标准的拥抱、触摸、亲吻等行为。一般情况下，行为局限于一般器官，结合行为的次数、时长等综合判断该行为是否构成猥亵罪。如果不够罪，可以处五日以上十日以下拘留；情节严重的，处十日以上十五日以下拘留。

刑事处罚层面，强制猥亵罪[①]和强奸罪[②]是处罚严重性侵害的最后防线。这两种罪的区别在于有没有发生性行为，如果只是周边行为，则认定为猥亵罪，只要发生性行为，即认定为强奸罪。其中猥亵的犯罪对象没有性别限制，而强奸罪仅适用于女性被侵害。

需要明确的是，强制猥亵罪的处罚不比强奸罪轻多少，猥亵罪起刑是五年以下有期徒刑或者拘役，强奸罪的起刑是三年以上

① 《中华人民共和国刑法》第二百三十七条规定：以暴力、胁迫或者其他方法强制猥亵他人或者侮辱妇女的，处五年以下有期徒刑或者拘役。聚众或者在公共场所当众犯前款罪的，或者有其他恶劣情节的，处五年以上有期徒刑。猥亵儿童的，处五年以下有期徒刑。情节恶劣的处五年以上有期徒刑。

② 《中华人民共和国刑法》第二百三十六条规定：以暴力、胁迫或者其他手段强奸妇女的，处三年以上十年以下有期徒刑。奸淫不满十四周岁的幼女的，以强奸论，从重处罚。强奸妇女、奸淫幼女，情节恶劣的处十年以上有期徒刑、无期徒刑或者死刑。

十年以下有期徒刑。所以某些恶劣的猥亵行为和强奸行为相比，可能猥亵判四五年，强奸判三四年，甚至猥亵罪的处罚会更重。在公共场所当众猥亵的，还会被判处五年以上有期徒刑。不过实践中认定在办公室、公共交通工具等场合以触摸、摩擦等隐蔽形式猥亵，一般不认定为“在公共场所当众猥亵”。这种行为虽然符合语义上的“在公共场所”和“当众”，但是这一条主要惩罚的是明目张胆、无所顾忌的主观恶性和社会危害性。而且这种行为比普通强奸行为判得还重。

即使明白了法律的规定，当真正面对职场性骚扰时，很多人还是茫然无措。面对职场性霸凌，我们该怎么办？

第一，自爱，坚定。相信一切利益诱惑和权力威逼都是纸老虎，职场上没有什么值得放下尊严去屈就。一切性霸凌的前提是违背对方意愿，这不单指武力控制和言语的威胁，也包括通过其他手段达到让人不敢反抗、不能反抗，或是来不及反抗的目的。比如说以不发合理工资、子女入学、就医等事项威胁，都是强迫行为。

但是利诱行为不属于强制。利诱和威胁的区别在于，利诱是以给予本不属于你的权利来引诱你，威胁是以剥夺法律赋予你的权利来强制你。利诱之下便成了交易，难以认定犯罪。如果你不坚决说“不”，你不仅放下了自己的尊严，也会助长行为人的气焰，让对方认为自己的行为模式可行，客观上成为让别人受害的帮凶。

第二，拒绝，抵抗。一定要向对方表明你坚定的立场，千万别含糊其词，这样可能会让对方误读你的意思，从而进一步试探。就算当次没有越界行为，你也可能被认定为可以霸凌、骚扰的对象，让你陷入更危险的境地。而且闪烁其词的言语也可能成为日后诉讼的不利证据。

第三，报警，取证。目前性骚扰案件认定最大的难题就是举证困难。所以在遇到性骚扰时，报警及时与否，对取证至关重要。

首先客观证据方面，第一时间报警能够最大限度地保护现场原貌，对现场的勘验检查和人身的鉴定通常可以获得性侵类案件的关键证据。受害者应尽可能保留更多完整的证据，如果是严重的侵害，要保护现场，不要急着洗澡来驱除不洁，第一时间要求警方对自己做身体检查。

其次主观证据方面，被害人第一时间报警的陈述，是效力很高的，证人串供的可能性也比较小。北京市第二中级人民法院的一份判决书[①]显示，杜某是某饭店厨师长，吕某系其下属。吕某在受到杜某多次言语性骚扰后第一时间报警，并在民警的监督和调解下，第一时间采集了杜某的供述并让其写下不再性骚扰吕某的保证书，并记录了多位证人证言，证明吕某经常开黄色玩笑讲黄色段子。正是民警固定的证据，让吕某在民事诉讼中处于不败

① （2021）京02民终5153号民事判决书。

之地。

很多刑事案件中，客观证据不足以单独定罪，甚至缺乏证人证言，就是靠被害人及时而稳定的陈述战胜了被告人闪烁其词前后不一的供述，从而认定案件。最后，第一时间报警，能够避免进一步的次生危害。职场中的加害者多处于优势地位，可能会利用权力进行威胁、恫吓，进一步造成被害人健康、尊严和名誉的损失。

第四，梳理，补证。第一时间警方取证结束后，除非有强有力的直接证据证明对方涉嫌犯罪或者行政违法，不然不会对施暴者施加强制措施，连取保候审都不算，多数情况下你和施暴者都会离开派出所。不要愤愤不平感到绝望，这是正常的调查程序。梳理一下你们相处的过程，回忆一下第一时间没有采集到的证据。比如录音、录像、相片、监控视频等可以证明加害人骚扰事实成立的关键证据，加害人发送的邮件、微信、短信等含有性暗示、淫秽图片的内容。在身体鉴定之后，应在第一时间去医院检查，或接受相关心理医疗咨询、治疗，保留诊断记录，这对日后起诉至关重要。上述证据梳理完成之后，将所有证据提交司法机关，自己保存副本。及时向亲人、朋友、同事等诉说自己的遭遇和想法。一来可以释放压力，给予你面对的勇气；二来这些听者的证言，也可以作为传来证据，对诉讼能起到意想不到的积极作用。

第五，明确诉求。第一时间明确，自己想怎么了结这件事：

是将对方绳之以法？还是只求对方被公司开除？是否要求金钱赔偿？是否接受调解？很多性侵类案件，被害人如果和加害人达成了调解协议，收取了赔偿款，甚至出具了谅解书，除非有重大违法证据已经被发现或有重大影响，司法机关一般不会继续介入。一定不要在没考虑清楚的情况下，在所谓“和事佬”的和稀泥下，为了一些蝇头小利轻易签署谅解书。

如果签署的是双方真实意思表示的谅解书，在不违反法律规定的情况下，是无法撤回反悔的，要慎之又慎。谨防对方的“敲诈勒索”陷阱，不要用“如果不给我 ×× 万元人民币，我就让你社会性死亡”的威胁类语句，也不要签署类似文件。如果调解，要在专业律师的见证下或者在派出所民警的主持下完成。

第六，投诉，诉讼。出现职场性骚扰，必须向公司及时反映，别怕他们“官官相护”，在法律铁拳面前，乌合之众只会大难临头各自飞。向公司反映时，投诉对象可以是企业的人资人员、自己的上司、对方的上司。除此之外，还可以寻求相关机构帮助，比如向妇联等社会维权机构投诉。此外，尽早做好诉讼准备。这里指的是民事方面的诉讼，可以是单独向民事审判庭提起，涉及犯罪的可以提起刑事附带民事诉讼。

诉讼的对象，首先是性霸凌的加害人，依据《民法典》的规定，可以向其提起侵权之诉，要求对造成的各种损害进行赔偿。包括身体损害、精神损害带来的精神损害抚慰金、医疗费、误工费、交通费等各项已经发生或者有证据证明需要发生的费用。此外还可以要求对方公开道歉，消除影响。

除了加害人之外，还有其他诉讼对象，一定不能让他们跑了。

首先是公司。职场性骚扰多发生在工作当中的酒局、出差等场合，如果是应工作要求所身处的场景，工作单位就有义务保证劳动者的安全。在工作时间和工作场所内[①]，因履行工作职责受到暴力等意外伤害的，可以认定为工伤[②]。

除此之外，还可以起诉发生性骚扰的场所管理者。很多职场性骚扰、性侵害发生在饭店、酒店、KTV 等场所，我国法律要求这些场所的经营者、管理者和活动组织者尽到安全保障义务。比如我身边的一个案件，北京市某酒店没有严格执行住宿登记制度，被告人干某搀扶酒醉的被害人李某进入酒店，在李某意识不清的情况下，酒店没有履行登记职责和注意义务，使得干某将李某带入房间进行了侵害。这种情况下，酒店应该承担相应的补充

---

① 《中华人民共和国民法典》第一千一百九十二条第二款规定：提供劳务期间，因第三人的行为造成提供劳务一方损害的，提供劳务一方有权请求第三人承担侵权责任，也有权请求接受劳务一方给予补偿。接受劳务一方补偿后，可以向第三人追偿。

② 《工伤保险条例》第十四条规定：职工有下列情形之一的，应当认定为工伤：（一）在工作时间和工作场所内，因工作原因受到事故伤害的；（二）工作时间前后在工作场所内，从事与工作有关的预备性或者收尾性工作受到事故伤害的；（三）在工作时间和工作场所内，因履行工作职责受到暴力等意外伤害的；（四）患职业病的；（五）因工外出期间，由于工作原因受到伤害或者发生事故下落不明的；（六）在上下班途中，受到非本人主要责任的交通事故或者城市轨道交通、客运轮渡、火车事故伤害的；（七）法律、行政法规规定应当认定为工伤的其他情形。

责任，李某可以起诉该酒店。

还有可恶的旁观者。一般来说，性犯罪在《刑法》中是“作为犯罪”，但是也有例外。很多时候同行者明知同事醉酒，没有履行注意义务，甚至眼睁睁看着同事被性骚扰、性侵害而无动于衷，这种“不作为行为”在民事上也被认定为过错，要承担侵权责任，更有甚者，要承担刑事责任。刑法理论上，不作为犯罪的义务来源中有一项是先行行为引起的义务。如果一名下属被领导带出去喝酒，在领导眼前喝醉了，被他人性侵，这时候领导就有了刑法意义上的作为义务。如果领导不积极阻止犯罪行为发生，领导也将作为共犯被处理。所以，职场中的袖手旁观，不一定没有责任，望各位警醒！

二、孩子遭遇校园霸凌，家长怎么办

校园霸凌是老生常谈的问题，当我们的孩子被欺负了，怎么办？先回忆一下当年我们的父母是怎么办的。吾父尚武，从小就告诉我，挨打还手挨骂还嘴，明知不敌也要尽力而为，目的不是击败对方，而是让对方知道欺负我的代价，让他好好想想这么做值不值得。老虎只吃跑得最慢的人，恶霸一般就欺负最软弱的人。非常庆幸我遇到的恶霸多半理性，也庆幸这些“老虎”一般吃一两个人就能吃饱。

芷兰是我朋友老白的孩子，在读小学四年级，小姑娘虽然成绩一般，但是性格开朗自信，平时练习冰球这样热血的项目。但是最近突然不想再去上学了。再三追问，是被学校里几个女孩子长期侮辱，编造芷兰是男生等各种谣言，还起了侮辱性的外号，并 PS 她的照片在朋友圈、微博里传播。

本来乐观的孩子，现在已经不愿意再去学校，要求父母给自己转学。老白该怎么办？

以暴制暴这招现在还能用吗？

恐怕不灵了。

第一，新型霸凌模式让人无从反击。除了传统的硬暴力带来身体伤害外，软暴力已经成为更普遍的伤害模式，包括言语侮辱、造谣诽谤、抱团孤立、情感操纵等，都不是你打回去、骂回去能够解决的。暴力之下只能让自己变成“问题少年”，可能被冠以野蛮的名号，更加被孤立。而且校园管理中，硬暴力的管理往往会触及管理者红线（因为身体伤害更容易让管理者承担责任），所以以硬暴力反击软暴力的孩子，往往在校园管理者眼中会由被害人变成加害人，不能得到公平对待。这种不公平感和对威权的失望，容易让孩子丧失对秩序的信心和对父母、学校的信任，心理和价值观所遭受的打击比挨几顿揍严重多了。

第二，网络等新的社交形态让霸凌的成本变低，影响变大。自媒体时代，侮辱诽谤的成本极低。原来的造谣很少能占用村口的大喇叭，一般只能口口相传，范围相对较小，在熟人小圈子里传播。可现在一条微博、一个朋友圈，可以让一个侮辱性外号从小学带到高中，可以让几句谣言持续发酵造成伤害。辟谣的难度、反击的难度反而更大。

家长是否应该介入孩子之间的冲突？

看情况。

第一，如果只是简单的矛盾和误会，要放手让孩子自己解决，这是难得的成长锻炼机会。校园社交是孩子融入社会的重要途径，学会与人相处是书本之外最重要的一课。很多家长越俎代庖帮孩子处理社交问题，甚至规定了孩子的社交范围，这都容易造成孩子丧失与人沟通、处理问题的机会。数学学不明白可能不影响生活，可学不会与人相处，孩子就只能生存在父母的羽翼之下了。

第二，要保持关注，时刻提醒孩子可以向自己求助，向孩子提供意见和安全感。能放开的是双手，不能放开的是目光。一旦事情超过了普通矛盾的限度，要第一时间介入。

家长如何介入孩子之间的冲突？

第一，论理。道理先讲给自己的孩子，要让孩子明白受害者的弱小不是原罪，法制社会的现代秩序能够战胜弱肉强食的森林法则。对正义的信心相较知识更是教育的基础。

第二，论力。我一向赞同家长直接介入反对校园霸凌的具体关系中。很多家长的沟通范围仅限于学校教师、对方家长，这种间接的沟通一方面无法真实全面了解情况，另一方面不能保证作用效果。应该直接面对校园霸凌的实施者，告诉他自己的孩子是有人保护的。一般情况下，学校的霸王再蛮横也是孩子，对成人的介入有着天然的畏惧感。只要增加他施害的成本，就能降低孩子受害的可能。

第三，论法。如何用法律武器保护孩子？

（1）及时报警。不仅挨打可以报警，挨骂也可以。我国法律对很多校园霸凌行为作出了规定。故意伤害他人身体的，如果没有造成轻伤以上后果，可以依照《行政处罚法》处以最多拘留十五日、罚款一千元的处罚。如果造成轻伤以上后果，可以依照《刑法》予以定罪判刑的严重处罚①。除了动手伤人外，侮辱、诽谤、恐吓他人、干扰他人正常生活、散布他人隐私等行为，也在法律打击的范畴之内。如果情节轻微，可以依照《行政处罚法》处五日以上十日以下拘留，并处五百元以下罚款②。如果情节严重，甚至可能犯侮辱罪、诽谤罪。很多时候对方是未成年人，报警也没有用，法律拿他们没办法。很多校园霸凌者也认为警察来了自己认个错，被警察说两句，该回家回家。比如一位访谈对象就表示，“我们打人的时候都知道轻重，避着能打出事的地方，

---

①《中华人民共和国刑法》第二百三十四条规定：故意伤害他人身体的，处三年以下有期徒刑、拘役或者管制。犯前款罪，致人重伤的，处三年以上十年以下有期徒刑；致人死亡或者以特别残忍手段致人重伤造成严重残疾的，处十年以上有期徒刑、无期徒刑或者死刑。本法另有规定的，依照规定。

②《中华人民共和国行政处罚法》第四十二条规定：有下列行为之一的，处五日以下拘留或者五百元以下罚款；情节较重的，处五日以上十日以下拘留，可以并处五百元以下罚款：（一）写恐吓信或者以其他方法威胁他人人身安全的；（二）公然侮辱他人或者捏造事实诽谤他人的；（三）捏造事实诬告陷害他人，企图使他人受到刑事追究或者受到治安管理处罚的；（四）对证人及其近亲属进行威胁、侮辱、殴打或者打击报复的；（五）多次发送淫秽、侮辱、恐吓或者其他信息，干扰他人正常生活的；（六）偷窥、偷拍、窃听、散布他人隐私的。

扇几个耳光，踢几脚，警察根本不管，家长找到学校最多就是道个歉、做个检查”。简单而言就是“不打死、不打残、不反社会就没人管”。

实际远非这么悲观：只要是未成年就真的没人管。

2020 年 12 月 26 日《中华人民共和国刑法修正案（十一）》已经下调了刑事责任年龄，最低由十四岁修改至十二岁，但是这些重罪在一般校园暴力中很难出现，常见的故意伤害罪、侮辱诽谤罪等犯罪，还是只能处罚十六岁以上的人。但是行政处罚方面相对较为宽泛，“已满十四周岁不满十六周岁的未成年人，已满十六周岁不满十八周岁的未成年人且为初次违反治安管理的”，不执行行政拘留处罚，这就意味着如果对方是十六岁至十八岁的未成年人，如果没人报警，他永远有“初次违法”的豁免权，所以这道“免死金牌”一定要早早给他用掉。

其次，就算警方不能对其拘留，还可以对其处以罚款，对其本人、监护人、学校管理人进行评判教育，案件多发的校园还可以设立警务站。警方的介入也能让学校真正重视问题，摆脱“和稀泥”的局面。更重要的是，父母情感的关照和社会正义的秩序都是安全感的重要来源，通过警方的介入给孩子安全感和信息，让以后再面对类似情况不至于畏缩惧怕。法律不只是惩罚和武器，法律更是信心和勇气。

第一时间报警也是取证的需要。侮辱、诽谤、伤害等行为的严重程度决定了该行为是否能够被行政处罚或者刑事处罚，行为的方式、次数等情节都是重要的考虑因素。第一时间报警，不仅有利于固定证据，并且在衡量其情节时，如果有过报警记录而屡教不改，是很严重的从重情节，“多次”可能成为入罚、入罪的核心情节。

此外，在民事诉讼中，报警后的验伤、笔录同样是非常重要的证据。虽然伤情鉴定并非伤好了就鉴定不出来，可以依靠诊断记录、医疗病历等进行鉴定，但是万一有治疗不全面、病历不合规等因素，鉴定就会存在困难。

言辞证据方面，第一时间的证言准确度高，效力也高。很多证人为未成年人，当时很可能会被留在现场配合调查，他们的家长也可能会到场参与、了解情况。因为未成年人取证一般需要监护人到场，日后你想再请这些人到派出所或者法庭做证难度极大，他们基于种种顾虑完全有权利、有可能拒绝做证。所以事后再采集证言或伤情，取证难度会成倍增加。

报警是对校园管理者的督促。一方面，我国法律规定学校应举证证明自己尽到了教育、管理职责，否则要对民事损害承担赔偿责任。一般认为，报警后学校就必须知道事态严重性，应该针对具体情况、具体学生采取批评教育、调整班级、严加看管等一系列严格管理措施，如果没有证据证明学校采取了专门、有效的措施，其就应该承担责任。另一方面，司法机关有权向学校教育主管部门以司法建议等形式送达建议函，针对校园存在的问题、学校管理的疏漏予以指出和纠正。教育管理部门的压力会让学校更有动力重视、解决问题。

（2）民事诉讼。无论加害者的行为是否构成行政违法或者犯罪，都可以对其提起民事诉讼。《民法典》保护的人格权包括生命权、身体权、健康权、姓名权、名称权、肖像权、名誉权、荣誉权、隐私权等权利[①]，这方面的赔偿不仅限于人身损害[②]，还包括精神损害等，可以通过诉讼的形式，让对方停止侵害、排除妨碍、消除危险、消除影响，在正式的场合赔礼道歉，这种形式比私下的几句道歉更能打击对方的嚣张气焰。

加害者监护人、校园管理者也可作为民事诉讼的被告人。前者作为校园霸凌实施者的监护人，法律规定他要为被监护人的行为承担责任，后者作为校园管理者，更是应该尽到管理义务。

民事诉讼的目的，一方面是通过赔偿弥补自己家庭和孩子的损失，一方面是通过法律诉讼明晰正邪，也能通过增加对方成本，逼迫对方家庭和学校倾注更多教育精力和资源在问题孩子身上，使其不再惹是生非。

湖南省宁乡市人民法院受理的原告彭某某与被告喻某、罗某

---

① 《中华人民共和国民法典》第九百九十条规定：人格权是民事主体享有的生命权、身体权、健康权、姓名权、名称权、肖像权、名誉权、荣誉权、隐私权等权利。

② 《中华人民共和国民法典》第一千一百七十九条规定：侵害他人造成人身损害的，应当赔偿医疗费、护理费、交通费、营养费、住院伙食补助费等为治疗和康复支出的合理费用，以及因误工减少的收入。造成残疾的，还应当赔偿辅助器具费和残疾赔偿金；造成死亡的，还应当赔偿丧葬费和死亡赔偿金。

某、肖某某、喻某某、谢某某及宁乡市某高中健康权纠纷案中，原告彭某某与被告喻某因为争抢篮球场地发生争吵，后被宁乡市该高中校长发现并制止。后被告喻某、罗某某、肖某某、喻某某、谢某某等人殴打了原告彭某某。原告彭某某经鉴定为急性应激障碍，被打事件是导致该病的直接原因。

湖南省宁乡市人民法院经审理认为，因学校、学生或者其他当事人的过错造成学生伤害事故的，相关当事人应当根据其行为过错程度的比例及其与损害后果之间的因果关系承担相应的责任。本案中，原告彭某某与被告喻某、罗某某、肖某某、喻某某及谢某某在事发时均已满十四周岁，属限制民事行为能力人[①]，对自己的行为及产生的后果有一定的认知能力，造成他人损害的，由监护人承担民事责任。学校未提供证据证明其在本案中无过错，根据《学生伤害事故处理办法》的相关规定，该学校应当承担部分管理、保护不力的过错责任。

本案原告经济损失共计 119595.90 元，由被告喻某、罗某某、肖某某、喻某某及谢某某承担损失赔偿 100000.00 元，学校承担损失赔偿 19595.90 元。这个案例给我们以下启示：第一，孩子出了事，对方家长、学校都可能承担责任；第二，校园暴力造成的身体损害能够赔偿，其造成的精神损害也要赔偿，但是一定要

---

① 《中华人民共和国民法典》第十九条规定：八周岁以上的未成年人为限制民事行为能力人，实施民事法律行为由其法定代理人代理或者经其法定代理人同意、追认；但是，可以独立实施纯获利益的民事法律行为或者与其年龄、智力相适应的民事法律行为。

及时鉴定。鉴定机构能对损害的类型甚至和校园暴力的因果关系出具权威意见。

（3）刑事自诉。这条途径不光孩子被欺负能用，自己被欺负也能用。自诉相对应的是公诉，公诉案件由公安侦查、检察院起诉，而自诉案件需要自己提供证据，自己起诉对方。我国法律明确规定了“告诉才处理的案件和部分轻微刑事案件”需要通过自诉。

在一般校园霸凌中，除非造成了轻伤以上结果，否则很难成为公诉刑事案件。虽然寻衅滋事罪是公诉案件，其罪状也非常贴合校园霸凌的内容（如随意殴打他人、追逐、拦截、辱骂、恐吓他人、强拿硬要或者任意损毁、占用公私财物、在公共场所起哄闹事，造成公共场所秩序严重混乱），但是实践中极少将校园中的行为作为寻衅滋事罪处理。

所以，以侮辱、诽谤等途径进行刑事自诉就成为大多数人的唯一刑事选择。其实刑事自诉耗时费力，对未成年人的自诉多以调解撤诉。走刑事诉讼的目的多不是真的让对方被判刑，而是作为民事诉讼的施压措施和给对方更强有力的警告，从而避免伤害再次发生。

对孩子的法律保护渠道是立体、渐进的，诉讼的目的与其说是让对方得到惩罚，不如说是让孩子尽快走出阴影回归社会生活，对公平正义重拾信心。诉讼之路并非都是道阻且长，孩子内心的阴影才后患无穷。

我一方面让老白带着孩子去派出所报警，尽量拿到案件的立案通知书，并以老白委托的律师的名义向对方家长和学校送达了律师函，告知其对校园霸凌如果不采取有效措施可能带来的法律后果。不出一周，在派出所的主持下，各方进行调解，对方家长带着孩子对芷兰正式道歉，并写下保证书，学校、派出所民警一并在见证人一栏签字。并由民警到校园，以案说法，做了一堂法制教育课。芷兰重新回到校园，这件事告一段落。

其实律师函只是将委托人的意思表示进行法律加工并传送，以达到委托人预期的宣示、说服、询问、答复、心理强制等功能，律师函并没有强制力，其目的是向对方宣示自己对此事的重视和决心，是一种先礼后兵的威慑。很多时候，熊孩子不是管不住，是家长不想管。学校不是没办法，是不想办。只要你对校园霸凌有充分的决心和重视，起码他会躲开你的孩子。

三、债主的自我修养和注意事项

舒总是我多年好友，因为事业起步早，一直秉承共同富裕理念，广结善缘，四处给人借钱，人称散财童子。可随着事业和生活的变化，舒总翻起这些陈年旧账才明白，借钱容易要钱难。舒总这些借款，多则十几万元，少则几千元，很多都记不清楚了，自己梳理就花了好几天。大多数是朋友通过微信或者电话借款，都没有借条，他该怎么办？

这个问题在直播间提及率并不低，大多数都跳过了尴尬期，直接变成了借款纠纷。所以，要想解决借款问题，先来明确借款纠纷中的几个常见问题。

第一，债务过了太久怎么办？

因为法律不保护在权利上睡觉的人，所以一旦超过一定时间，你不主张自己的权利，就丧失了针对这项权利的胜诉权。借贷关系的诉讼时效为三年，起算时间是对方没有按约还钱（你知道或应当知道对方没有履约）的那天开始，如果三年之内你都没有过让他还钱的意思表示，那么你就无法通过诉讼的方式保护自己的权利。

是不是债务的有效期只有三年呢？当然不是，你每向对方要一次钱或者做出各种要求对方还钱的举动，这个三年的时间就重新起算[①]。

如果没有约定什么时候还款怎么办？那你反而赚着了！因为起算时间是从你应当知道自己权利被侵害开始，权利被侵害指的是债务人到了应该还款的时间没有还款。因为你们没有约定应该还款的时间，那么这个应还时间（即诉讼时效起算时间），就是你第一次提出还款要求的时间[②]。

好在舒总为人大方又好面子，从不和人开口要钱，也没有什么正式的约定，更谈不上还钱时间的约定。所以几乎所有债务都可以随时要求对方履行。

对大多数人，处理债务问题第一步要做的就是明确诉讼时

---

① 《中华人民共和国民法典》第一百九十五条规定：有下列情形之一的，诉讼时效中断，从中断、有关程序终结时起，诉讼时效期间重新计算：（一）权利人向义务人提出履行请求；（二）义务人同意履行义务；（三）权利人提起诉讼或者申请仲裁；（四）与提起诉讼或者申请仲裁具有同等效力的其他情形。

② 《中华人民共和国民法典》第六百七十五条规定：借款人应当按照约定的期限返还借款。对借款期限没有约定或者约定不明确，依据本法第五百一十条的规定仍不能确定的，借款人可以随时返还；贷款人可以催告借款人在合理期限内返还。

效，如果诉讼时效有过期的风险，就别怕打草惊蛇，赶紧向所有债务人发出有效的还钱要求，比如微信、电话录像、邮件、律师函等。

第二，没有证据怎么办?

借条实际是一种借贷合同，之所以称为“条”，是因为这个合同简单，一张条儿足够写得下。即使这么简单，不打借条在借贷纠纷中还是非常常见，特别是数额不大的情况下，熟人之间基本不会有借款合同。舒总就是这种情况，五万元以下的欠款，全部没有借条。那么，这种情况应该怎么办?

首先，借条是证明债权债务存在的最有力的证据，但不是唯一的证据。要证明借贷关系成立，实际是证明以下三点。

（1）双方存在成立借贷关系的意思表示。

也就是说明白你俩为什么有这笔钱的往来。你给他钱的时候，你们说好是借的不是送的，也不是处理其他债务往来。这一点可以通过微信、短信记录、通话录音来取证。

可为了确定是本人借款而不是骗子，舒总很多借款都是通过电话、视频沟通的，他也没有录音录像，转账时也没有备注款项用途，这该怎么办?千万不要打草惊蛇。大多数这种债务，对方不至于第一次沟通就撕破脸不认账，一般不还的都是拖延找理由，你试探性地聊两句，问一下：“当初借我的 ×× 元，我现在也遇到困难啦，能不能先还点?这点钱你肯定是忘啦！”类似于这种话，让对方以微信、短信等书面形式对借款意思表示追认。对方表示还不了的时候，可以让他补一份书面的借条，这种客观证据也有强大的证明力。

此外，见证人、保证人的证言也能作为证据。如果这些都没有，那只能用间接证据形成证据链。拿出你们的转账凭证，向法庭证明除了借款以外，你不可能莫名其妙给他一笔钱。这样比较麻烦，因为对方可能对这笔钱的性质产生种种抗辩，只能用排除法形成优势证据。

一般来讲，对方抗辩的理由主要是赠予或者你的债务支付。你可以这样反驳：反驳赠予，因为你们之间是普通的朋友关系，不可能无缘由地赠予款项；反驳债务支付，你们之间不存在任何因为侵权、合同等产生的债务让你需要还他钱，等等。

法官会综合双方提出的证据，包括钱的数额、双方的交往记录、双方的关系、双方的沟通内容等，采纳优势证据来认定钱的性质。所以，没有直接证据的情况下虽然不是没有办法，但还是比较被动，一定要“花言巧语”打消对方警惕，固定相关证据。

（2）一方已经履行了款项出借的义务。

这一点是证明你把钱给了对方，对方也收到了。最难办的情况是现金交付，必须有各种证据予以佐证，包括双方沟通记录、取款记录（要向法官解释你怎么会有几万元的现金）、证人证言等。

好在一般情况下，大额借款都是通过银行转账或者电子支付，都会留下痕迹。建议大家在转账时习惯添加备注，不管是支付某某事项款项还是借款，如果有了专项备注，对方领款时没有异议，在争议解决时会是强有力的证据（我们在领别人钱的时候，也要注意有没有不当的备注。比如明明是支付的报酬，却写借款）。

（3）借贷关系不违反国家法律、法规强制性规定。除非你是借给他犯罪用的，或者违背公序良俗，这点都不是问题。

第三，报警有用吗?

有用，但是没那么有用。公安机关对民间债权债务纠纷不予立案，可以出警处理你们之间的纠纷，但是不能对债权债务关系作出判断，更没有执行债权的强制力。简单来说，警察叔叔不能逼对方向你还钱。

但是为什么说有用呢?

首先，吓唬一下试试。部分人以为欠债不还会被治安处罚，可能警察一来坏人自然心虚，没准儿先还一部分，甚至都还了。

其次，民警可以主持调解，双方可以在民警见证下签署协议。大多数时候，警察的威慑力比法官大，对方当着民警的面，可能不敢否认实际发生的借款。趁这个时候可以固定证据，证明债权债务的存在。

再次，虽然法院立案不需要一定有身份证号，但是必须有被告的姓名、性别、住所等信息。如果被告联系不上，之后需要做公告送达的话，就必须有对方的身份证号，若无法提供，实践中多会被动撤诉。如果警察介入，警察的标准操作是双方先出示身份证证明身份，这时候你可以获取对方的身份信息。

最后，留下笔迹鉴定依据。很多债权的主要凭证是借款合同，就是俗称的“借条”。认定该项证据真实性的重要标准是签字的真实性。在诉讼过程中，如果对方否认借条的签字是自己签署的，又没有视频等其他客观证据予以做证，常见的办法是通过笔迹鉴定来认定签字的真伪。笔迹鉴定不是万能的，其本质是笔迹比对，就是认定笔迹 A 和笔迹 B 是否是同一人所写。这意味着你需要获取一个笔迹的样本。报警之后的派出所调解笔录中双方需要签字，自然就留下了对方的签字。而且这个签字的真伪是明确有公权力背书的，也往往会有执法记录仪记录。可以以此为样本与借条进行笔迹比对，对方便无从抵赖。

第四，要第一时间诉讼吗？

“厌诉”情绪一定程度上是传统文化的一部分，大家都本着和气生财的原则，也考虑到费时耗力的因素，很多人不愿意起诉追债。实际上此类官司没有想象的费劲。借贷关系的诉讼往往非常简单，证据明确的情况下，法院处理的效率也非常高。大多数城市可以通过“微法庭”等在线平台立案，上传证据。通过“云法庭”开庭审理，足不出户地解决问题。

此外，及时诉讼可以阻止对方转移财产。早一天诉讼，就少一天风险。在诉讼前的立案阶段和诉讼中的审理阶段都可以对债务方的财产提出保全申请，提供相应的担保后可以将对方的房产、股权等财产予以冻结，除非对方提供了等额担保，不然不得解除保全。

而且及时诉讼可能解决燃眉之急。法律规定了“因情况紧急需要先予执行”的三种情形，可以在判决结果还没出来的时候先执行对方财产[①]，予以解决债权人如家人生病等急需用钱的紧急需求。比如家人病重，你可以拿出诊断证明、缴费单据、自身收入情况、街乡出具的贫困证明、低保证明等证据，让法院对还未判决甚至还未开庭的案件，先予执行，把钱先给你执行到位救命用。

最后，很多欠债的人直接跑路，直接诉讼可以在公告送达之后缺席判决，只要证据足够，同样能得到胜诉的结果。

第五，出借财产时有哪些注意事项？

首先自省，自己是不是有问题。如果你是以借款为业的，很可能自己就是犯罪分子。2019 年 10 月 21 日，最高人民法院、最高人民检察院、公安部、司法部联合发布了《关于办理非法放贷刑事案件若干问题的意见》，明确规定：违反国家规定，未经监

---

① 《中华人民共和国民事诉讼法》第一百零五条规定：人民法院对下列案件，根据当事人的申请，可以裁定先予执行：（一）追索赡养费、扶养费、抚育费、抚恤金、医疗费用的；（二）追索劳动报酬的；（三）因情况紧急需要先予执行的。

管部门批准，或者超越经营范围，以营利为目的，经常性地向社会不特定对象发放贷款，扰乱金融市场秩序，情节严重的，依照《刑法》第二百二十五条第（四）项的规定，以非法经营罪定罪处罚。

如果只是普通的借款要注意如下事项。

第一，订立书面合同。合同内容要清晰完整。必须包括双方身份信息，附带身份证件复印件。写明借款数额、还款期限和方式、利息等关键信息。认真审核对方签字、指纹等信息的真实、完整性。订立合同时最好有同步录音录像、见证人等佐证方式。还要明确你的出借行为已经完成，最好通过银行转账等可查证的方式，转给对方本人账户或者借款合同中对方指定的账户。打款完成后让对方签署收条。

第二，对方夫妻共债共签。《民法典》进一步明确了夫妻共债共签的原则[①]，如果借款合同只有夫妻一方签字，另一方坚决不认账，出借人需要举证证明对方借了钱是用于他们夫妻共同生活、共同生产经营，才能认定为对方夫妻的共同债务，不然对方一离婚，你只能以签字那个人的财产偿债。这可太难了，你钱给了人家，对方怎么花的你如何证明？所以为了不给日后埋雷，

① 《中华人民共和国民法典》第一千零六十四条规定：夫妻双方共同签名或者夫妻一方事后追认等共同意思表示所负的债务，以及夫妻一方在婚姻关系存续期间以个人名义为家庭日常生活需要所负的债务，属于夫妻共同债务。夫妻一方在婚姻关系存续期间以个人名义超出家庭日常生活需要所负的债务，不属于夫妻共同债务；但是，债权人能够证明该债务用于夫妻共同生活、共同生产经营或者基于夫妻双方共同意思表示的除外。

借给已婚之人，最好要他配偶一起签字。

第三，引入保证人。保证人分为一般保证和连带责任保证，简单来说，一般保证人只有在债务人不能履行债务时你才能找他背锅，连带保证人你可以随时找他偿债。所以尽量寻找财力靠谱的连带保证人。保证人可以单独签署合同，也可以在借款合同中单列一个条款。无论如何要写清楚保证人的具体角色和保证方式，如果什么都不写，就是借条上多了个人签字，你说他是保证人还是见证人[①]？

第四，提供担保。担保是最常见也是最靠谱的借款风控手段，主要分为抵押和质押两种。设立抵押应采用书面形式，订立抵押合同首先要明确约定被担保债权的种类和数额、债务人履行债务的期限、抵押财产的名称、数量等、担保的范围。要审核对方提供的担保物是否能够抵押，比如所有权是否明确、是否有查封冻结、是否是集体所有土地的使用权等法律明确规定不得抵押的财产[②]。

---

① 《最高人民法院关于审理民间借贷案件适用法律若干问题的规定》第二十条规定：他人在借据、收据、欠条等债权凭证或者借款合同上签名或者盖章，但是未表明其保证人身份或者承担保证责任，或者通过其他事实不能推定其为保证人，出借人请求其承担保证责任的，人民法院不予支持。

② 《中华人民共和国民法典》第三百九十九条规定：下列财产不得抵押：（一）土地所有权；（二）宅基地、自留地、自留山等集体所有土地的使用权，但是法律规定可以抵押的除外；（三）学校、幼儿园、医疗机构等为公益目的成立的非营利法人的教育设施、医疗卫生设施和其他公益设施；（四）所有权、使用权不明或者有争议的财产；（五）依法被查封、扣押、监管的财产；（六）法律、行政法规规定不得抵押的其他财产。

另外，抵押一定要及时到相关部门登记，未经登记的不动产抵押不生效，动产抵押也不能对抗善意第三人。意思就是没有登记，对方把东西卖了你也追不回来，基本不登记等于白忙活，抵押很可能成为一纸空文。

如果实在不放心，可以选择质押。说白了就是把东西攥在手里，对方不还钱你就占有这个东西。但是注意，质押只适用于动产，而且车辆是特殊的动产，质押无法对抗登记。也就是说，车辆、房屋等哪怕你先占有了，如果别的债权人进行了合法登记的抵押，人家也可以优先以你占有的房子、车子获得赔偿，还完人家的债，剩下的才可能归你。所以说，合法登记是最高位阶的权利凭证，比拿在手里还靠谱。请务必登记！

最后要注意的是，如果自己也不富裕，尽量别借。你不只可能失去一笔钱，还可能失去一个朋友。

图书在版编目（CIP）数据

无效焦虑诊断指南：困在人生中场的 47 个“怎么办” / 储殷著． -- 武汉：长江文艺出版社，2022. 6

ISBN 978-7-5702-2747-1

I. ①无… II. ①储… III. ①人生哲学－通俗读物 IV. ① B821-49

中国版本图书馆 CIP 数据核字（2022）第 098742 号

无效焦虑诊断指南：困在人生中场的 47 个“怎么办”

WUXIAO JIAOLü ZHENDUAN ZHINAN
KUN ZAI RENSHENG ZHONGCHANG DE 47 GE ZENMEBAN

储殷 著

选题产品策划生产机构 | 北京长江新世纪文化传媒有限公司
总 策 划 | 金丽红 黎 波
责任编辑 | 陈 曦　　装帧设计 | 郭 璐　　责任印制 | 张志杰 王会利
助理编辑 | 张晓婷　　内文制作 | 张景莹　　媒体运营 | 刘 冲 刘 峥 洪振宇
法律顾问 | 梁 飞　　版权代理 | 何 红
数字平台统筹 | 高 梦 宇 君
总 发 行 | 北京长江新世纪文化传媒有限公司
电 话 | 010-58678881　　传 真 | 010-58677346
地 址 | 北京市朝阳区曙光西里甲 6 号时间国际大厦 A 座 1905 室　　邮 编 | 100028

出 版 | 长江出版传媒 | 长江文艺出版社
地 址 | 湖北省武汉市雄楚大街 268 号湖北出版文化城 B 座 9-11 楼　　邮 编 | 430070
印 刷 | 天津盛辉印刷有限公司
开 本 | 880 毫米 ×1230 毫米 1/32　　印 张 | 6
版 次 | 2022 年 6 月第 1 版　　印 次 | 2022 年 6 月第 1 次印刷
字 数 | 120 千字
定 价 | 56.00 元